光

傳遞訊息的使者

Light

A Very Short Introduction

IAN WALMSLEY

伊恩・沃姆斯利
著

胡訢諄
譯

目錄

圖列……4
引言……9
第一章　光是什麼？……13
第二章　光線……33
第三章　波……61
第四章　波粒二象性……89
第五章　光物質……113
第六章　光、空間、時間……137
第七章　光的先端研究……155
第八章　量子光學……177
第九章　天光……199
延伸閱讀……203

圖列

1.〈光的創造〉，喬治・里奇蒙繪。© Tate, London 2015
2. 阿姆斯壯拍攝愛德溫・艾德林。NASA 提供
3. 艾薩克・牛頓、約翰・沃爾夫岡・馮・歌德、羅莎琳・富蘭克林肖像 National Portrait Gallery, London 提供 © Corbis; Neue Pinakothek, Munich. © Peter Horree/Alamy; © Science Source/Science Photo Library
4. 電磁波譜
5. 歐幾里德的射線圖示
6. 從平面鏡與曲面鏡反射的光線
7. 物體在鏡中反射改變左右方向
8. 一束光在曲面鏡形成的影像
9. 牛頓的反射望遠鏡。© The Art Archive/Royal Society/ Eileen Tweedy
10. 光的折射

11. 一束光利用透鏡成像

12. 笛卡爾的實驗證明眼睛形成的影像是上下顛倒。Wellcome Library, London 提供

13. 跳蚤的影像與用顯微鏡拍攝的果蠅幼蟲神經系統。Wellcome Library, London; Thomas Germe, Robert Parton and Ilan Davis, University of Oxford 提供

14. 用來微影雕刻電腦晶片的透鏡。Courtesy of Nikon Tec Corporation 提供

15. 雙折射示意圖。作者拍攝

16. 水面的圓形波

17. 干擾的圓形波、建設性的干擾與破壞性的干擾

18. 湯瑪斯・楊格的實驗

19. 全像如何構成

20. X輻射光源拍下蛋白質結晶的繞射圖案

21. 費馬的光線觀念

22. 漢密爾頓認為射線是波前的連結線。Dave Stuart, University of Oxford 授權

23. 從太陽（黑體）與從霓虹燈發射的光譜

24. 干涉圖案。Markus Aspelmeyer, Universität Wien 授權
25. 電子場的「扭結」
26. 一個原子經歷吸收、自發輻射、受激輻射。
27. 利用頻閃成像定格運動中的子彈。© 2010 MIT. Courtesy of MIT Museum
28. 量桿構成的三維格子，代表空間的鷹架。
29. 因為相對運動產生的時間膨脹
30. 一列相同、幾乎單次循環的光學脈衝。
31. 奈米尺度的懸臂。Markus Aspelmeyer, Universität Wien 授權
32. 冷的原子困在光學格中。Chris Foot, University of Oxford; Immanuel Bloch and Stefan Kuhr, Max Planck Institut für Quantenoptik, Garching 授權
33. 一個光脈衝的電場直接的影像。Eleftherios Goulielmakis and Ferenc Krausz, Max Planck Institut für Quantenoptik, Garching 授權
34. 「信差」單一光子光源。Peter Mosley, University of Bath 授權
35. 一個對角偏振的光子遇到偏振鏡

36. 壓縮光
37. 產生偏振糾纏光子的光源
38. 量子牌戲可能結果的機率

引言

光，讓我們看見事物。這句再顯然不過的話是個起點，帶領人們踏上一條漫長而迷人的旅程。人們在從趟旅程中展開超卓的視野，不僅一窺自然世界的運作，更從中發展出各種現代科學依賴的工具和方法，啟發無數理論與實驗。

光承載了關於我們周遭環境的訊息，從遙遠的恆星與星系，到我們體內的細胞，甚至是單個原子與分子。許多提升生活品質的技術也以光為基礎：網際網路由光驅動；世界上最精準的時鐘依賴光；最微小的物體，從一個個原子到活的生物細胞，都能透過光來觀察與操縱；而與光息息相關的圖像和顯示器更是無所不在。此外，光揭示了全然陌生的量子世界，激發我們對世界的想像。或許你會感到訝異，因為我們真正理解光是什麼，其實還不到一百年。甚至現在，我們仍然在這其中尋找新的見解。

這本書梳理了人們理解光是什麼、光能做什麼的思考脈絡。這是一個很棒的故事，從古代開始，對光有貢獻的人來自全世界：雅典的歐幾里德和巴格達的哈桑（Al-Hazen）提出光線的概念；美國洛杉磯的泰德．梅曼（Ted Maiman）和日本德島的中村修二開發新的雷射器；巴黎的菲涅爾（Fresnel）和倫敦的湯瑪斯．楊格（Thomas Young）則是研究光的波動；亞伯丁的詹姆斯．克拉克．馬克士威（James Clerk Maxwell）與柏林的海因里希．赫茲（Heinrich Hertz）從前人的這些想法中，發展出電磁場的概念；而最後，伯恩的亞伯特．愛因斯坦（Albert Einstein）和劍橋的保羅．狄拉克（Paul Dirac）以全新的概念——量子場，解釋這些顯然互不相容的事實，證明光如何可能同時是粒子又是波。

每當對光有多一分的了解，就會帶來新應用，例如：基於對光的折射的理解，人類發明了矯正視力的眼鏡；你會發現，與光相關的技術，總是能在提出新的光學理論後就迅速被轉化應用。光對現代世界的影響力遠超乎我們想像，卻往往往沒被察覺其重要性。為此，聯合國指定二〇一五年為國際光之年，以頌揚光與因為光而實現的一切。

特此感謝 Alex Walmsley 和 Latha Menon 對本書初稿提出有用的指教，感謝同事們回答了許多具體技術的問題，以及提供本書圖表與插圖的人。愛因斯坦曾說：「事情應該盡可能簡單，但不是過於簡單。」若這本書中有任何違背上述原則的論述，或因此出現錯誤，必定是我的緣故。

第一章

光是什麼？

光，讓我們看到周圍的世界。藉由對光的感知，我們能直接接收外在世界的訊息，並且觀察到變化。事實上，光最重要、最了不起、最獨特的特質，或許就是承載以及傳遞訊息。

眼見為憑

視覺協助我們能在周遭環境中，確定自己的位置，並且幫助我們定義自身以外的東西，繼而建構出這世界的真實圖像。除此之外，視覺所激發出的想像力，其實也超越了視覺本身。英國畫家喬治．里奇蒙（George Richmond）的畫作〈光的創造〉（*The Creation of Light*，見圖1），具體描繪出光在我們精神中的核心地位。

從光的概念衍生的詞語，例如洞察力、明亮、清晰，都與人類特質以及物理

圖 1〈光的創造〉，喬治・里奇蒙繪。

世界有關。事實上，拉丁文有兩個描述光的詞——lux和lumen，分別指涉光物質與形而上的面向，而前者則是本書關注討論的重點。這番物理與詩意互相交織的結果，使得光在哲學、神學、心理學、藝與文學的領域，成為思考世界的比喻。因為這是幾乎每個人都有的直接經驗，光的物理學基礎與光對人類的啟發，使得光幾世紀以來都是哲學家與科學家熱衷研究的對象。

光賦予萬物生命。從字面上看，我們與地球之所以存在，全部仰賴這一連串生物與化學過程，而光則是其中不可或缺的角色。可以說，光構築我們對於周遭事物的感知。以生活經驗來看，也能說明光在這方面的重要性。我們利用光來照亮環境，無論天然的日光與月光，或人造的光。絕大多數的光源都使用電，但有時候我們也利用化學反應產生光，例如點燃蠟燭。不同特性的照明影響我們感知環境，不同光源在物理空間營造的「情緒」各有差異。

光還有一個非常重要的角色，就是促成生命本身。地球的能源主要來自太陽，而太陽傳輸能量的方式是光，包括我們可見的部分以及無法直接看見的部分。例如，躺在沙灘上或坐在花園裡享受日光浴：我們感受的溫暖，是某些「不可見的光」從太陽發射的結果。這只是光的生理效應的其中一個例子。

但是，我們的星球能夠維持生命的關鍵之一是一個超厲害的生化過程，利用陽光作為能量來源，把「無用」的分子——二氧化碳，轉化成「有用」的分子——氧氣。而其相反的過程——將氧氣轉化成二氧化碳，則是發生在生物呼吸的時候，也發生在我們為日常生活提供動力而燃燒東西時。

數百萬年來，因為有太陽的光，現在提供其他能源來源的生物圈和地質層才會形成。若無來自太陽的能量，煤礦或石油都不可能生成。而我們使用這些煤礦、石油資源的同時，太陽光影響地球的方式也隨之改變。部分來自太陽不可見的光——紫外光，依舊被地球和其大氣層吸收，但是其他不可見的部分——紅外光，被大氣層反射回去。透過同樣的機制，地球產生的紅外光會被困在大氣層下，導致星球表面溫度上升。

光使通訊可能

自從人類出現，圖像就是人類文明的一部分。長久以來，圖像對於我們如何認知世界，以及如何理解我們在其中的地位，有著無法估量的影響。光學技術的進步澈底變革影像。例如，我們能夠藉由底片或數位攝影的工具，輕易快速地捕捉畫面，因此得以記錄地方、人物和事件，成為廣為流傳的報導（今日更透過光學的網路），繼而帶來長久影響：例如領袖與工人的照片、令人讚嘆的自然世界、可怕的戰爭場景等。這些影像可能以意想不到的方式團結或分裂人們，例如號召人們採取行動、激發同情心，或者賦予共同經驗更深刻的觀察。試著回想一下，人類初次登上月球邁出第一步，那個場景多麼令人驚奇（見圖2）。而當我們能夠捕捉移動的影像後，敘述與記錄能力更上一層樓，眼界更加寬廣。你能想像沒有電視、電影和影片的生活嗎？

現在，圖像的產生與傳播如此普及，以致我們幾乎很少會去留意它。我們每天都使用自發光的顯示器：電視、電腦、平板，甚至智慧型手機。這些工具都以光為媒介，為你帶來訊息，也從你這裡接收訊息。幾乎所有長途電信都倚賴光束傳輸，沿著名為光纖的細長玻璃繩行進，連結你我家中的網路光纖寬頻服務就是以此為基礎。就連在電腦和電視裡，光也扮演重要角色。例如，封存在CD或DVD的音樂、影像或圖片，必須透過光取得。一束移動的細小雷射光能「讀取」光碟片，並將上面編碼的資訊轉為電子訊號，再傳送到顯示螢幕。我們所有瀏覽、下載及寄出電子郵件等活動，都需要極多處理訊息的能力，而光是唯一可行的傳輸媒介。

現代社會的交通規範則利用光為工具，我們藉由光發出信號，調節車輛移動。從鄉鎮的街燈到飛機的降落燈，光都是導航必要的部分。光也在保養車輛時發揮作用，例如，雷射光能定位、對齊汽車的輪胎；此外，光控點火器則能驅動內燃機引擎。

在許多方面，光以不同方式承載的能量與訊息，成就了現代生活。

圖 2 阿姆斯壯拍攝愛德溫・艾德林（Edwin Aldrin）在月球表面行走。

光學

所有關於光的研究，都能稱為光學。光學是最古老的科學之一，而它的歷史發展為現代科學開創了一條重要的道路。在光學領域中提出的各種概念，提供截然不同的領域激盪出新的靈感，例如原子與分子的動力學。此外，深入了解光而發展出的技術，對於解開自然界的祕密十分重要。例如，伽利略（Galileo）能夠觀測到木星的衛星，繼而推論出太陽系中行星都圍繞著太陽運行的關鍵是他設計的望遠鏡。這些推論，又幫助他發展出行星運動遵守的重力定律。

光學起源於在西元前四世紀，出現在一些希臘哲人的著作中，並在往後的兩千年依然蓬勃發展著。讓人驚訝的是，儘管經歷這麼長的時間，以及已經有這麼多聰明的科學家研究過，我們仍然能發現關於光的新事物。直到現在，光學依然是當前科學的先端，過去二十年間，有超過十個諾貝爾獎頒給與光學密切相關的研究，包括在無法想像的低溫與極短的時間裡控制與測量原子和分子運動，將時鐘的精確度提升了一千倍，以及看見活的細胞內部，觀察它們變化的情況。

什麼是光？

從亮度、強度、顏色、溫暖等與光相關的事物開始聯想，來回答「什麼是光？」也許是好的開始。這些全都是實際的特性，說明了光是物理實體。但是，光到底是什麼？

我們不妨拿一個特定的光源，例如家裡的燈泡，想想明亮是什麼意思。燈泡有各種尺寸，但全都有數十瓦的「功率」（瓦是功率的測量單位，寫作W，代表每秒消耗的能量）。一顆五十瓦的燈泡發出的光，足以在屋裡看見東西。汽車前燈的功率通常較高，大約介於六十至一百瓦。足球場的泛光燈功率則更大，可達數千瓦。我之後會討論這些不同來源如何產出光，不過透過這些功率，已經能大致了解相應的照明亮度。亮度最大的光源當然來自太陽，它擁有巨大的功率輸出，超過10^{25}瓦（1的後面有25個0），因此即使太陽距離我們非常遙遠，也無法直視。

承接以上敘述，我們進入下一個與光有多亮相關的概念。剛才談到的光，似乎會隨著距離拉長而看起來更黯淡。所以功率不是決定亮度的唯一標準。在某種程度，亮度和我們可以從光源那邊接收到多少能量有關。例如，雷射筆的輸出功率通常比燈泡小很多，大約只有千分之幾瓦，但雷射筆指著螢幕時，看起來卻非常亮。

這個例子重要的是，光源產生的光的「強度」——每個單位面積接收到的能量。（更精確的說法是「輻照度」，但強度可能我們是比較熟悉的術語。）一個光源的強度與否，取決於光的聚光能力。雷射筆的光看起來很亮，是因為它的光束被聚集成螢幕上一個小點，然而太陽光分散在非常廣大的面積。因此，雖然太陽輸出的功率非常大，它產生的光線強度卻不如一枝雷射筆。

集中光的能力是個重要性質，描述這個性質的詞稱為「空間相干性」（spatial coherence），這與光源朝特定方向傳送光的特性有關。例如，太陽和燈泡都往所有方向發射光——地球每個地方都看得到太陽，你在房間裡的任何位置都看得到燈泡。但是雷射筆只往單一方向發出光，就是你指的地方。所以除非你看著雷射光束入射的表面，否則看不到。由於雷射光的光束具有特定方向的特性，可以說雷射筆是相干的光源，而燈泡是不相干的光源。

另一個定義光的性質，或許也是它最明顯的性質，就是顏色。彩虹——雨水和陽光同時出現時才有的調色盤——從藍色的一端到紅色的另一端，體現顏色光譜的基本概念。光的理論發展中重要的一支就是色彩視覺的模型。顏色和知覺密切相關，和物理學也是。十八世紀初著名的科學家艾薩克．牛頓爵士（圖 3）與十八世紀末的文豪約翰．沃爾夫岡．馮．歌德（Johann Wolfgang von Goethe，圖 3）皆針對顏色的性質做過實驗。牛頓在其著作《光學》（*Opticks*）中對於光的定義，獲得認同長達兩個世紀，而歌德在他的作品融入科學思想，卻認為牛

圖 3　牛頓、歌德與富蘭克林（從左至右）。

頓對於光的本質的理解是錯誤的。

牛頓著名實驗的第一部分（和笛卡爾及其他前人做的類似），是讓一小束太陽光穿過黑色紙卡上的一個小洞，再讓小束光透過稜鏡，照射在紙卡上，於是熟悉的彩虹顏色就出現了。歌德對這個現象很感興趣，於是向當地貴族借了幾個稜鏡來實驗。他很快就做出結論，指出牛頓認為顏色是從白色的光分解出來的這個想法是錯的。歌德自己發現一組非常不同的顏色。

歌德的實驗是透過稜鏡看窗框，也就是說，他在明亮的背景中看著黑色的線，和牛頓做的實驗完全相反。因此，他看到的光譜和牛頓觀察到的截然不同，不是牛頓光譜中的紅、綠、藍，而是新的調色盤——青色、洋紅、黃，意即牛頓光譜的補色。牛頓觀察到的顏色相加是白色，而歌德看到的顏色相加是黑色。

歌德相信顏色是人所感知到的事物；牛頓則定義顏色是光的絕對性質。他們兩人的觀點其實都對。如今，我們將顏色的物理屬性與生理效應（即對顏色的感覺）分開。我們每個人對顏色的反應不同。事實上，彩色光甚至可以作為治療的方法。從藝術的觀點，我們的意識察覺特定顏色的光並予以詮釋，這是重要的事；這意味著感知能力至關緊要。但是從物理的觀點，我們可以為「顏色」這個名詞清清楚楚分配一個基本的物理特性：波長——至少在我們進入量子光的領域之前是這樣。

光的可及範圍超出可見光的光譜範圍，從藍色光一端進入不可見光範圍，依序是紫外線、極端紫外線、X射線及γ射線等不可見光。在另一端，則有紅外線、微波、無線電波與T射線（如圖4）。為了看到這些光，我們需要眼睛以外的工具。儘管如此，我們知道這些顏色的光是存在的，例如，我們在太陽底下感覺到溫暖，是因為皮膚吸收紅外光；低頻率的微波，可用於手機通訊，也能在烹飪時加熱食物中的水分。波長較短的不可見光也很常見：過度曝曬在太陽下，紫外線會導致皮膚曬傷，而X射線則是常被用於醫學影像。

X射線也有許多非醫療領域上的應用。例如，當X射線從一個分子或固體中規則排列的原子間散射出來時，可以從呈現的圖案觀察這個分子或固體的結構，即使原子之間的距離比人類頭髮小一萬倍。最著名的例子也許是半個世紀前美國生物學家詹姆斯·華生（James Watson）和英國生物學家弗朗西斯·克里克（Francis Crick），根據英國物理學家羅莎琳·富蘭克林（Rosalind Franklin，圖3）和英國生物學家莫里斯·威爾金斯（Maurice Wilkins）拍攝的X光影像，發現 DNA 分子結構。了解 DNA 分子如何複製，澈底改變了生物醫學界。

這些應用在在說明了光的重要性。廣義來看，光為我們創造了現代世界，以及催生了現代生活中各種不可或缺的科技。這些應用都是奠基在十九世紀幾位科學家的研究，包括英國物理學家邁克爾·法拉第（Michael Faraday）、漢斯．克利斯蒂安．厄斯特（Hans Christian Oersted）、丹麥物理化學家安德列－馬里．安培（André-Marie Ampère）、法國物理學家夏爾．奧古斯丁．德．庫侖（Charles Augustin de Coulomb）、義大利物理學家亞歷山卓．伏特（Alessandro Volta）、德國物理學家蓋歐格．歐姆（Georg Ohm）、馬克士威、赫茲等人。

可見光和其他看似無關的事物，例如微波與X射線，其實存在著某種連結，這件事情非常了不起，而科學家們也發現了這些連結，締造成功的科學探究。

色域，或稱光譜，為藝術和科學提供了工具。畫家或藝術家探索顏色本身，以及顏色的各種排列組合，而光譜學家則是專注地發掘物質對不同顏色的反應。例如，十九世紀初，德國物理學家約瑟夫．夫朗和斐（Joseph von Fraunhofer）透過仔細觀看太陽光的特定顏色，確定某些原子存在於太陽中。他注意到太陽的光譜中缺乏某些典型顏色，而且發現這些顏色是特定幾個原子的「指紋」。光譜研究是利用光來發現不同原子或分子，而光譜研究是光譜學的範疇。光譜學是現在重要的一項研究，其所影響的領域很廣，從健康監測到遠距偵測大氣汙染物等

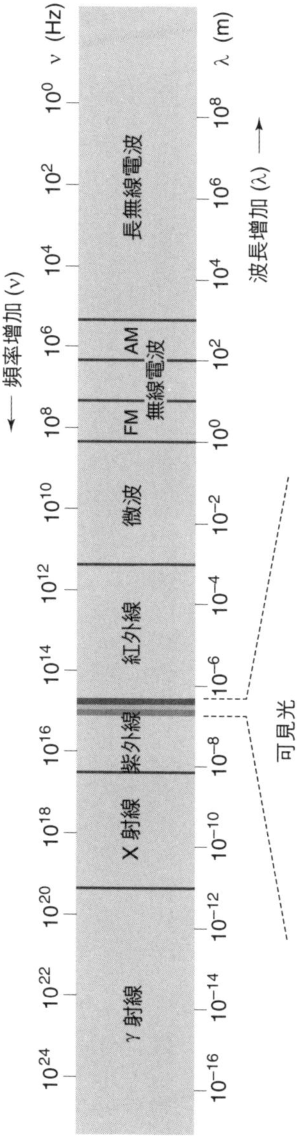
ν (Hz)
10^0
10^2
10^4
10^6
10^8
10^10
10^12
10^14
10^16
10^18
10^20
10^22
10^24
← 頻率增加 (ν)
長無線電波
AM
無線電波
FM
微波
紅外線
紫外線
X 射線
γ 射線
λ (m)
10^8
10^6
10^4
10^2
10^0
10^−2
10^−4
10^−6
10^−8
10^−10
10^−12
10^−14
10^−16
波長增加 (λ) →
可見光

圖 4　電磁波譜

等。

除了這些眾所周知的光的性質，我還想提出光的另一個性質。其實，那也在我們日常生活經常出現，但也許相較於其他光的性質，我們感受比較不明顯。它是光的偏振（polarization）。

如果你看過3D電影，那麼你就看過這個性質發揮功能。觀看3D電影需要戴上用紙板或塑膠框製成的特殊眼鏡，鏡框裡裝有兩片塑膠「鏡片」。如果你拿起兩副這種眼鏡，把其中一副左邊的鏡片移到另一副右邊的鏡片前，然後透過相疊的兩片鏡片看燈泡，你會發現燈泡看起來很暗。或者，你把一副眼鏡相對於另一副旋轉九十度，垂直重疊兩個左邊鏡片或兩個右邊鏡片，你應該也會看到類似的景象——幾乎沒有光穿過鏡片。

這個現象可以用光的「方向性」解釋。多數普通光源發出的光，沒有優先發射方向。而當你透過上述的特殊眼鏡看著光，光會比較暗，表示眼鏡選擇了特定方向的光。左邊鏡片允許光從某個方向通過，而右邊鏡片允許光通過的方向和左邊鏡片垂直。這就是為什麼當你把右邊鏡片垂直，和左邊鏡片交疊，就什麼也無法穿透：穿過左邊鏡片的光，因方向「錯誤」而無法穿過右邊鏡片。光的方向性稱為偏振。科學家做了大量悉心的研究，才想出並理解偏振的概念。偏振是以光為基礎的技術，對於理解光的本質來說，非常重要的。

光具有強度、顏色、偏振等物理特性，使得光能夠用來辨別、測量、控制物質。這些特性因此成為許多工具的基礎，用來研究、操縱物質或更小的物體。在上述的例子中，光幾乎總是扮演著承載訊息的角色。無論是傳輸影像、光譜或電話交談，光都充當信差。除此之外，光也有其他功能，例如，可以利用光的加熱特性，精確地切割金屬和其他材料。相較於使用鋸子，使用高功率的雷射為厚達一公分左右的金屬板機械加工，做出來的成品品質更好，耗損的材料更少。光在醫學也有多種應用，從雷射手術矯正視力到活化抗癌藥物都能看到光的蹤跡。

因為光，我們可以在所有想像得到的時間尺度與距離尺度裡觀察自然界。在時間尺度裡，能看到宇宙形成的初始時刻，也能觀察到電子在原子與分子裡，極高速地運動著；從距離尺度來看，光讓我們看見整個宇宙大規模的星系團排列，以及石墨烯中的碳原子排列。光讓我們深入了解自然界的基礎，從不可思議的量子物理學到 DNA 分子結構等等。

光學的故事，就是光的新發現帶動新技術，而新技術又反過來催生許多科學領域的新發現。從眼鏡發明，到最精確的原子鐘，以及現代的成像、測量、通訊技術，光的應用澈底革新我們的生活方式。正因這個發現與創新的循環，使得光即使是非常古老的學門，至今與它相關的研究依舊充滿生機。

接下來，我們將討論如何以現代方式理解光，以及如何利用光重新理解世界，或產生改變世界的新能力。

第二章

光線

自拍時，如果想要讓自己出現在相片裡，就得將手機鏡頭對著自己。這個簡單的事實指出某個光的性質：想看到某個物體的影像，物體（正要自拍的你）和相機鏡頭之間必須有一條直線，通常稱為「視線」。因此，光是某種從物體向觀看者直線傳播的東西。

沒錯，這的確是我們對某些光源了解而產生的結果。演唱會中，雷射創造吸睛的舞台效果，發出彩色的光束照亮舞台與表演者；而雷射筆則常用於演說和講課時，強調螢幕上的影像或文字。這些相干光源產出的光束非常集中，即使穿過一座大禮堂也幾乎不分散，而且走直線——你把設備指著你希望光去的方向，光就朝那方向去。

然而，太陽光並未明顯具備這種特性，所以需要想想才能解釋這現象：兩個東西尺寸一樣，但是放在遠處的看起來比放在近處的還小，這正是因為光呈直線傳播之故。

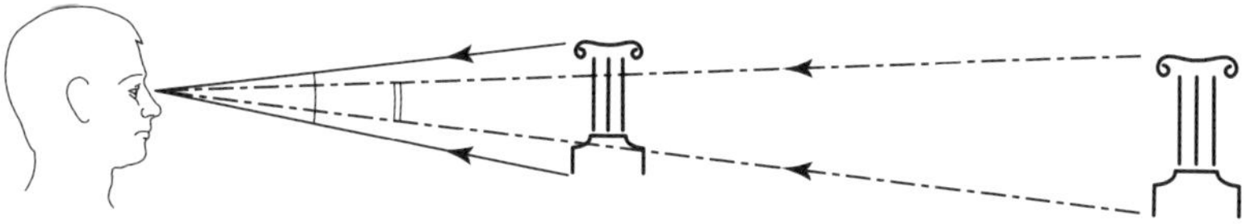

圖 5　歐幾里德利用光線沿著直線傳播的原理，解釋為何同樣大小的物體，在較遠的地方看起來較小。

直線傳播的概念之所以能解釋這個現象，得歸功於西元前三百年的歐幾里德（Euclid）。他的想法記錄在光學最早的著作之一（見圖5）。首先想像兩條線，我們稱為射線，一條連接物體（圖5柱子）的頂部和觀察者的眼睛，另外一條則是連接物體的底部和觀察者的眼睛。兩條線之間的角度，與我們感知這個物體的影像大小有關。距離較遠的柱子，雖然實際大小和距離較近的柱子相同，但是它兩條射線與觀察者的夾角較小，因此遠處的柱子看起來比較小。這就是所謂的圖像透視。

那麼，構成光線的物質是什麼？歐幾里德（以更早期的學說為基礎）認為構成光線的物質，是眼睛本身發出的粒子（來自體內想像的火焰），照亮物體後，反射回來到觀察者的眼中。但這個看法意謂著不管外面漆黑一片還是明亮，我們都能看見東西。儘管如此，粒子沿著物體和觀察者之間的軌跡運動，依然是強而有力的概念。

十一世紀時，阿拉伯物理學家哈桑（Alhazen）修正了歐幾里德的理論，將其修改為我們所熟知的：來自太陽的光（外在火焰）照亮物體，再往觀察者的方向反射。關於他如何想出這個概念有幾個說法，其中包括他做了一個直視太陽的實驗。他認為如果「內在火焰」一直燃燒，那麼不管他是否盯著太陽看，其所感受的痛覺會一直都在。因此，他認為產生影像所需的光源必定來自外部。

以這個理論為基礎，我們假設沿著這些光移動的是光的粒子，稱它們為光子。光束的亮度和每秒在光線中通過的光子數量有關。為了了解物體的影像如何形成，我們需要思考當一個光子從鏡面以及透鏡反射時，會是什麼情況。人們以「光學定律」為基礎，設計出非常複雜的光學儀器，例如手術顯微鏡、微創手術用的導管，以及放置在近地軌道上，用來觀測遙遠星系的大型光學望遠鏡。這些儀器深深影響我們的生活，以及我們對於世界的理解。

這些光的粒子擁有什麼特性呢？粒子的特性通常是指它的位置、行進方向、速度。現在，假設這個粒子以「光速」前進，但先別深入探究那到底是怎麼回事。光子的位置也許可以指出「光線」的起始位置，而光子的運動方向就是光線的方向，以光速前進，直到遇到物體的表面。

反射

當光子撞到物體，光就反射。此時光子「彈」離物體表面，改變運動方向，但沒有改變在物體表面的位置，如圖6所示。西元一世紀時，古希臘數學家亞歷山卓的希羅（Hero of Alexandria）發現了光的「反射定律」：入射的角度（射入物體的光線方向與物體表面入射點垂直方向的角度）等於反射的角度（反射光線的方向與物體表面入射點垂直方向的角度）。這個概念簡單卻極為有力的定律，帶來一些驚人的結果。

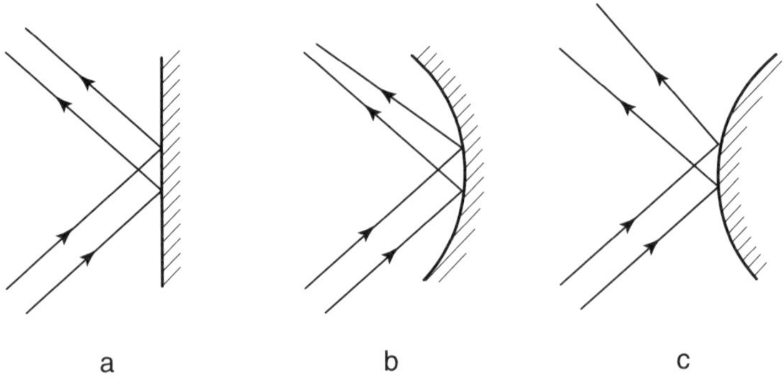

圖 6 從 a 平面鏡與 b、c 曲面鏡反射的光線

倒影看起來左右相反就是遵循這個概念。如果你拿起手錶對著鏡子，看著手錶的倒影，你會看到秒針朝逆時針方向走，而當你移動右手時，那個酷似你的人移動的，則是他的左手。這種「左右手」的改變，是影像通過鏡子的特徵——在鏡子反射出的世界裡是顛倒過來的。

這完全可以用希羅的反射定律解釋。圖7顯示一面鏡子如何產生左右相反的倒影。順時針的箭頭是我們觀察的對象，箭頭上每個點的光線從鏡子反射後重新排列，所以鏡中的箭頭變成逆時針方向。你可以用同樣的方式解釋，指向左的箭頭在鏡中是向右，反

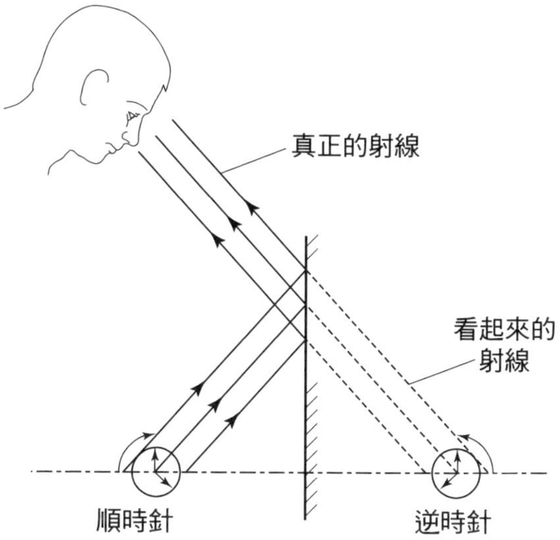

圖 7　物體在鏡中反射改變左右方向

之亦然。但指向上的箭頭依然向上，指向下的箭頭在倒影中依舊朝下。

利用反射成像

在浴室平面鏡子中，你會看到左右相反的自己，而在擦亮的湯匙中的倒影，你會看到影像扭曲的你。湯匙前面凹陷的地方有放大物體的效果，而後面突起的地方則有縮小物體的效果。

這是為什麼呢？既然影像的形成可能是光學儀器最重要的應用——從矯正視力的隱形鏡片，到探索太空的望遠鏡——便值得探討這是怎麼一回事。

到目前為止，我只考量來自物體上一個點的單一光線。事實上，光通常從物體的每個點往所有方向散射。想想「一束」這樣的射線全都來自物體的同一個點，在原本的射線四周形成圓椎體。這個射線的圓椎體遠離物體時會發散，如圖8。射線撞到彎曲鏡子表面的不同點上，因此形成不同角度的入射，又往不同方向反射，每條射線仍滿足希羅的反射定律。事實上，現在那些射線形成一個收合的圓椎體，最終聚集在單一個點上。這是原始物體點的「影像」點。

我們通常認為，一個影像是由物體上各自對應的影像點所組成。影像大小由物體與鏡子的距離，以及鏡子的聚焦能力決定，而聚焦能力則取決於曲面的曲率半徑（例如，較凹的鏡子曲面的曲率半徑較小）。當物體比影像更靠近鏡子時，影像會比物體本身大。影像與實際物體的大小比例，稱為放大率。

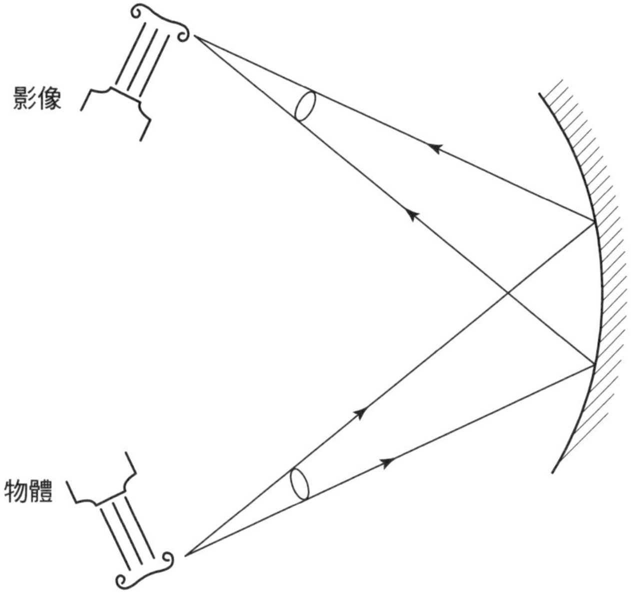

圖 8　一束光在曲面鏡形成的影像。物體某一點發出的射線通過曲面鏡的反射，最終匯聚在影像的一個點上。

牛頓利用曲面鏡會放大影像的特性設計了望遠鏡（見圖9）。他的設計有個厲害的特點：遠方的物體無論有什麼顏色，產生的影像大小都一樣（意思就是沒有「色差」）。牛頓巧妙運用了入射角等於反射角的原理，使得無論光是什麼顏色，只要光線入射角度相同，反射角度就會相同。因此，每個顏色的影像都會在相同地方形成。

折射

牛頓之所以發明沒有色差的反射望遠鏡，是因為當時的科學家先驅，例如伽利略、克卜勒，都深受色差所苦。他們使用的望遠鏡，在其所觀測的物體邊界總是會有模糊的彩色光環，原因是他們利用折射的光線特性來設計望遠鏡。而折射是指光線從一個透明介質到另一個透明介質時，發生的彎曲現象。

圖 9　牛頓的反射望遠鏡，其成像沒有色差。

鉛筆部分浸在水中時，看起來像被「折斷」了，就是因為折射。這種現象稱為折射定律，由十七世紀的荷蘭人威里博．司乃耳（Willebrord Snel）提出，因此也稱為「司乃耳定律」。這個定律表示，折射的射線與垂直於物體表面的直線形成的角度和入射的射線角度有關，也與形成介面的兩個介質性質有關。圖10所舉的例子，介質是水和空氣。

在這裡，與介質相關的特性是「折射率」。折射率可以想成測量一道光線在該介質經歷的光學「硬度」。光在折射率較大的介質中行進得較慢，因為光不易「挪動」這介質中分子的原子和電子。好比在水中走路，如果水很淺，你的雙腿就能輕鬆移動；如果水深及膝，雙腳移動就比較困難，因為你必須克服水帶來的阻力。

事實上，折射定律可以從這個類比推論而來。法國數學家皮埃爾．德．費馬（Pierre de Fermat）證明，當光從某介質中的一點到另一介質中的一點，在較高折射率的介質中傳播時間較短，在穿過較低折射率的介質時所花的時間則較長。

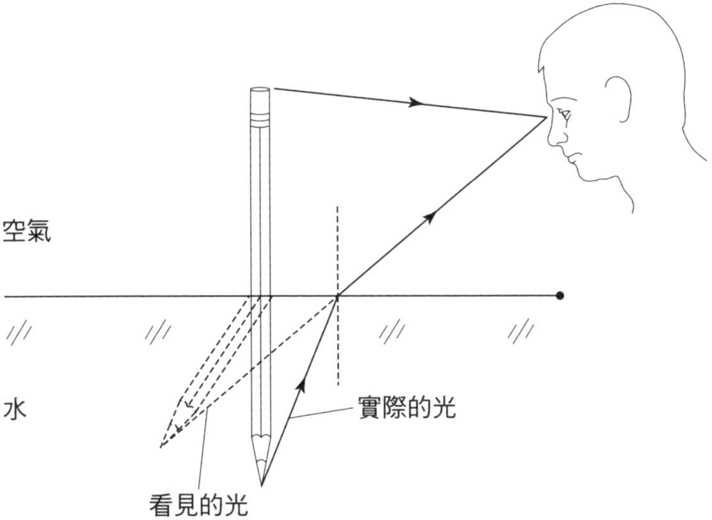

圖 10　光在空氣與水之間的介面折射

因此光線需要在兩個媒質的介面彎曲，這就是費馬原理，和司乃耳的定律相同。

利用透鏡成像

現在，如同彎曲的反射表面可以形成物體的影像，彎曲的透明表面也可以。圖11讓我們知道這件事情如何做到，一束光從物體的某個點透過折射，最終聚焦在影像上。注意圖中透鏡的形

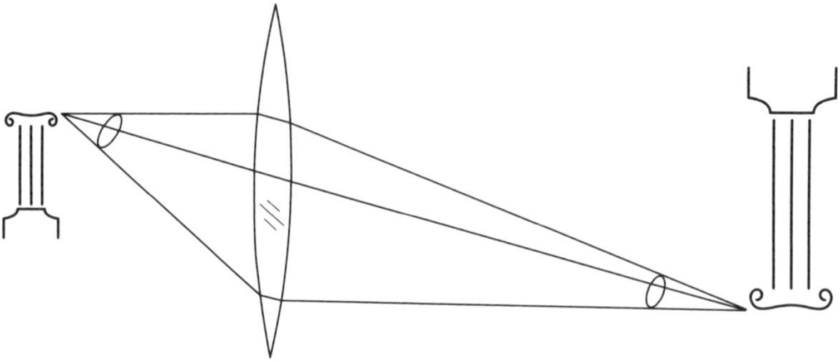

圖 11　一束光利用透鏡成像

狀——截面就像扁豆（lentil），這就是透鏡（lens）一詞的由來。

從你的雙眼，到手機相機，到手術顯微鏡，在成像裝置上都能看到透鏡。成像儀器有兩個組件：透鏡本身，以及將光轉為電子訊號的光感測器。以你的雙眼為例，光偵測器就是視網膜，而手機鏡頭的光感測器，就是由微小矽片組成的固態光感測器。

這些儀器的透鏡各不相同，但基本原理相同。無論在哪種情況，關鍵的設計參數有兩個，一個是透鏡與感測器的距離，另一個則是量化透鏡「彎曲光線」的能力，稱為「焦距」。焦距由透鏡表面的曲率和透鏡厚度決定。焦距短的透鏡會使用更彎曲的表面與更厚的材料製作，而且通常用在需要高放大倍率的儀器，例如顯微鏡。

透鏡的折射率往往取決於光的顏色，不同顏色的光在透鏡表面彎曲的程度不同，導致每個顏色的焦點位置不同。這使得影像周圍會出現不同顏色的「光環」。例如，對於某個特定感測器，可能只有一個顏色能精準聚焦，其他顏色則會失焦，形成暈圈。這個色差現象是否造成影響，端看應用的情況。

這種型態的成像裝置，對我們來說最熟悉也是最重要的，就是眼睛。眼睛的組成包括前折射表面——角膜，以及可調整的透鏡，會根據眼睛聚焦在不同距離的物體時改變形狀。你所見的物體則在眼睛後方的視網膜形成影像。

自從笛卡爾的實驗證明直立物體的影像是上下顛倒後（見圖12），人們便對眼睛形成影像的原理非常感興趣。當然，我們看到的物體並非上下顛倒，這顯然是大腦做了某些了不起的處理，把視網膜原始的訊號轉為外在世界的認知。

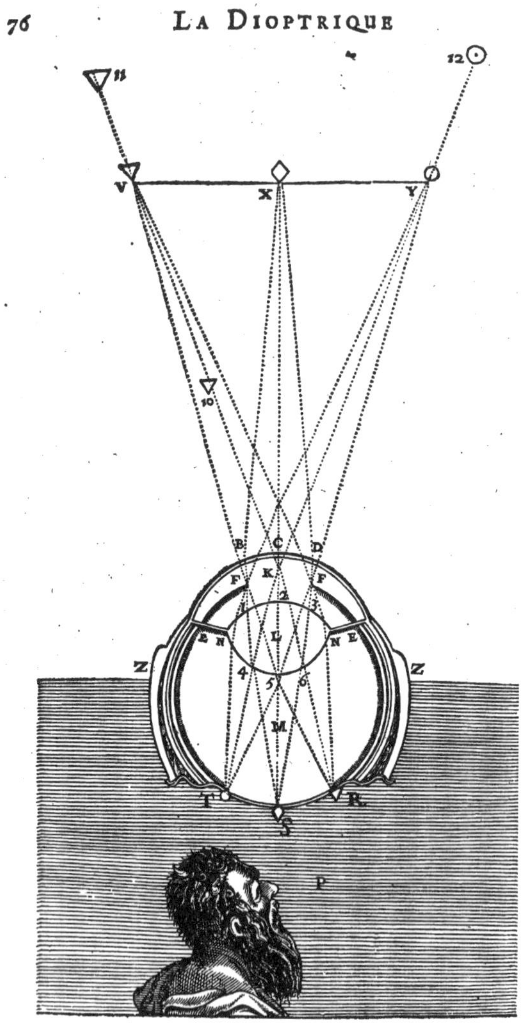

圖 12　笛卡爾的實驗證明，眼睛形成的影像是上下顛倒的。

光學儀器

眾所周知，眼睛形成高品質影像的能力（清晰、不扭曲、彩色），會隨著年紀漸長而逐漸下降。最早的光學儀器應用，就是為了在這樣的情況下幫助視力。眼鏡大概是第一個光學儀器，據說是在十三世紀由牛津的「瘋狂修士」羅傑・培根（Roger Bacon）發明。

眼鏡是將簡單的透鏡裝在鏡框上，戴在距離（幾毫米）角膜（眼球的前方表面）前：隱形眼鏡顧名思義，沒有鏡框，直接將透鏡放在角膜上。在這兩種狀況下，成像系統都是複合的，意思就是包括數個基本要素——外部透鏡、角膜和水晶體。這個方法是透過外部透鏡彌補水晶體的缺陷，得以矯正大多數的視力問題。透過雷射手術，直接改變前方表面（角膜）的形狀也可以達到同樣的目的。其中一個方法稱為「準分子雷射原位層狀角膜塑形術」（LASIK），利用雷射切削部分角膜表面，改變角膜曲率，繼而改變角膜對焦能力與眼睛的成像能力。

其實，許多成像儀器原理都和眼睛相似。例如手機的相機，在手機表面裝設透鏡，矽基光電偵測器陣列則裝在手機內部。手機相機使用的透鏡通常很小，卻能拍出高品質的影像，供我們發布到社群媒體上。想要產出高品質的影像，需要適當的偵測器陣列和成像系統。影像品質取決於兩件事——陣列中偵測器的大小與數量，以及光學系統能夠產出清晰、不變形、所有顏色都能適當顯示的影像。換句話說，就是沒有「色差」。

偵測器陣列的「畫素」，通常用來代表影像品質。一般認為，兩千四百萬畫素的相機（偵測器陣列包含兩千四百萬個感應器）比八百萬畫素更好。畫素可以視為影像最小的成像大小。如果拍出來的照片難以辨別，則是因為偵測器裡只有少數幾個元件，只能解析出少數畫素。所以，畫素越多越好，但前提是成像系統產生的最小影像必須小於偵測器的元件。

成像的限制

十九世紀時，德國科學家恩斯特．阿貝（Ernst Abbe）想出一條簡單的規則，可以得出任何影像的最小尺寸，適用於當時所有已知的成像系統。阿貝的公式表示，影像最小的成像大小（S），和照亮該物體的光波波長（λ）乘以透鏡焦距（f）除以透鏡直徑（D）成比例：

$$S = 1.22 \times \lambda f / D$$

因此，直徑較大、焦距較短的鏡片產出的最小影像，物體就像一個點。在任何透鏡系統中，最小影像大約是該物體光的一個波長。這是大多數使用透鏡的光學儀器（如相機和望遠鏡）畫素大小的基本限制。

光學最重要的應用核心，一直都是設計、建造可以產出高品質影像的成像系統。例如，應用在生物研究與手術的顯微鏡。最早的顯微鏡，其使用的鏡片非常簡單——小小的、類似球形的拋光玻璃。十七世紀的英國科學家羅伯特．虎克（Robert Hooke）以這樣的顯微鏡為工具，探索自然界中無法用肉眼看見的微小生物。從圖13他畫的跳蚤，足以說明技術的力量能推動新的發現。

相較之下，現代研究用的顯微鏡是更為精密的儀器，包括多元件的複合鏡片，形成的畫素非常接近照明光的波長——就在阿貝極限上。圖13也顯示現代成像顯微鏡能做到什麼地步。這是果蠅幼蟲神經系統的合成影像，牠即將孵化，而觀察細胞中發光的蛋白質，就可製作出這個影像。

阿貝的公式適用於影像亮度與物體亮度成比例的光學系統，這些稱為線性系統。但是，藉由非線性系統，仍有可能突破這個線性系統的極限；非線性系統的影像亮度，與物體亮度平方或更複雜的函數成比例。這些效應的解釋需要更了解光波模型，這會是第三章的主題。

具有類似特性與複雜度的光學成像系統，也被應用在製作電腦晶片上。單個

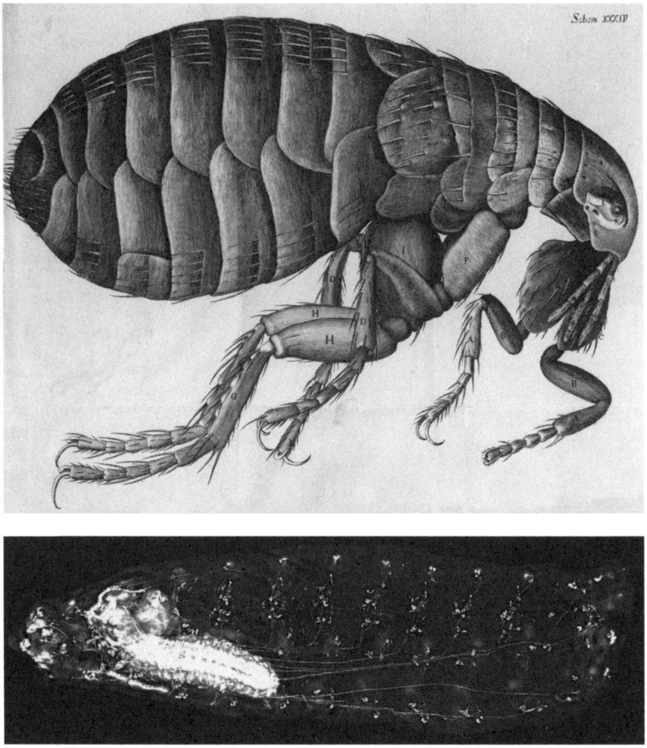

圖 13　虎克用早期的顯微鏡觀察到的跳蚤圖（上），用現代螢光顯微鏡拍攝的果蠅幼蟲神經系統（下）。

電子電路元件極小，一片晶片上連接兩個電晶體的電線直徑可能只有兩百五十奈米。（一奈米是十億分之一公尺。而人類頭髮的直徑大約是一萬奈米。）裝置複雜的陣列和連接，透過稱為「微影」（lithography）的過程，擺放在矽晶圓上。

基本上，為了方便設計師觀察，晶片的配置圖會畫得夠大。接著將縮小的圖像投影到晶片，圖像會被蝕刻在晶片表面的塗層，經過一系列的化學反應，圖像會轉移到真正的裝置上。成像系統必須能夠提供超高的影像解析度，也就是畫素大小是裝置線寬的大小。在晶片上維持這個解析度是極大的挑戰，需要許多設計恰當的透鏡元件，以減少像差到絕對最小值。圖14就是這樣的透鏡截面舉例，顯示多樣的透鏡元件和射線路徑。

在另一個極端，天文學用的地面和太空望遠鏡是非常巨大的儀器，但光學成像部件卻相對簡單，通常只有一個彎曲的反射表面，和一個簡單的「目鏡」來調整光線，以便充分利用可得的偵測器。這些成像系統最顯著的特徵，是它們的尺寸。觀測距離我們遙遠的恆星時，你會發現它們發出來的光非常微弱，幾乎到不

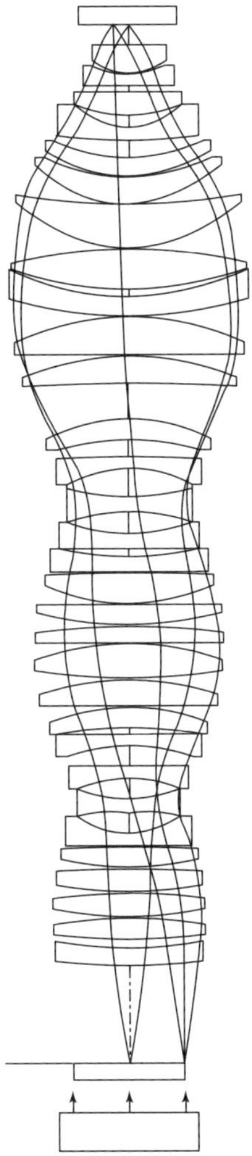

圖 14　用來微影雕刻電腦晶片的透鏡，共有超過二十片不同的透鏡，利用小於該波長一半的光產出 500 奈米大小的影像。

了地球，因此盡可能收集這些光線是最重要的事。這往往需要非常大的透鏡或鏡子——直徑數十公尺或更大。建造這種尺寸的透鏡不切實際，但製作鏡子卻是可以行的，因此大型望遠鏡中到處可見鏡子。

為了收集足夠的光以形成影像，必須長時間觀察遙遠的恆星。這導致地面望遠鏡另一個問題：大氣層不是靜止的，而是隨著風、溫度和溼度改變其密度。這些不確定因素常使光線偏離它們從恆星到望遠鏡的路徑，於是當恆星的光因為大氣層紊流而隨機偏離到偵測器上面或外面，就會造成星星「閃閃發亮」。

解決這個問題的方法之一，是把望遠鏡放在大氣層外，也就是放在太空中，哈伯太空望遠鏡就是一個例子。哈伯望遠鏡產出壯觀的影像，包括遙遠的恆星、星系、星雲，也觀測到太空中令人驚奇的結構與運動。然而，對於依賴可見光運作的地面望遠鏡，光學工程師過去二十年來已經想出巧妙的方法來解決這個問題。他們把望遠鏡的鏡面分段，每段鏡面的傾斜角度都可以調整。利用這個方法，就可能「引導」光線撞上望遠鏡不同部位的鏡面，讓光線全都投在偵測器上。如果你可以測量光穿越大氣層所產生的偏差，就能透過調整鏡面彌補偏差。工程師測量來自引導星（大氣層上方的人造光源）的光的扭曲程度，並根據得到的資訊調整鏡面的分段傾斜角度。這樣一來，地面望遠鏡的成像就正好落在阿貝極限。儘管如此，設置太空望遠鏡還是有其必要性，例如觀測進入地球前就被被大氣層吸收的X射線與紫外線，以及美國太空總署（NASA）和歐洲太空總署（ESA）計畫的新任務。

超材料和超級透鏡

許多年來，光學科學家一直著迷於「什麼是好的光學系統」，思考著有沒有能將物體完美成像的透鏡？從十九世紀英格蘭的馬克士威，到二十世紀俄羅斯的維克托・韋謝拉戈（Victor Veselago），許多物理學家對都這個問題很感興趣。韋謝拉戈提出了一種奇特材料的設想：當光線射到這種材料表面後，彎曲光線的方式和司乃耳定律的預測相反。司乃耳定律是基於在普通「正常」材料中發現的正折射率，而韋謝拉戈想的是具有「負」折射率的材料。這種材料由微小結構所組成，其每個結構大小都小於光的波長。這種特殊的結構賦予「超材料」（metamaterial）非比尋常的光學性質。相較於在兩個「正常」材料介面間的反射，光線在正常與超材料介面間產生折射的角度，則完全相反。

利用「超材料」特殊的折射率，能使各方向射來的光線彎曲，因此通常會在物體表現產生散射的入射光線，會被引導到超材料表面後，再發散出去。確實，英國物理學家約翰·彭德里爵士（Sir John Pendry）證明可以利用這些人造材料製造隱形斗篷。

超材料還具有一個不尋常的特性，能為非常接近超材料片的物體產出完美的影像。超材料片的表面即使平坦，也能做成觀察極微小（奈米結構，大小只有幾十奈米）物體的透鏡。超材料的透鏡就像是二十一世紀版的虎克顯微鏡技術，而且也可能帶動同樣成果豐碩的發現年代。

本章描述的成像系統都是產出物體二維的影像，那是我們通常對圖像的理解——平面的圖片。那麼，如果可以設計一個製造三維影像的系統呢？真的可以，但需要對光本身有更深入的了解，我們將在第三章討論。

第三章

波

第二章探討的，是將光想成基本粒子的組合，沿著定義明確的軌跡行進。這種「撞球」模型，光束是由一個個、緊密且位置明確的能量束組成，和另一個認為光是波的觀點相反。「光是波」和「光是粒子」這兩種觀點其實是同時發展的，只不過經過多年的討論與實驗後，「光是波」的觀點才完全為人接受。

無法解釋的現象？

太陽閃耀時，如果池水表面浮著一層薄薄的油，你會發現油層邊界描出彩色的輪廓。正是這樣的觀察，啟發了劃時代的想法——光是波動的。牛頓很早就談到這個現象，而這個現象挑戰了他所提出的光粒子模型。牛頓需要大幅扭曲光粒子模型，才能解釋這個現象。英吉利海峽的另一邊，牛頓在光學上的競爭對手——荷蘭物理學家克里斯蒂安．惠更斯（Christiaan Huygens）則使用了光的波動模型解釋這個現象。結果證明這個模型整體更簡潔明確。所以，在光的研究初期，波和粒子的概念就已經同時存在了。

能解釋光是波的觀察還有很多，例如十七世紀中期，義大利物理學家弗朗西斯科．格里馬爾迪（Francesco Grimaldi）的觀察，逐漸累積了不符合粒子模型的證據。格里馬爾迪看見光線通過小孔（例如屏幕上的小洞）時，就會偏離直線。他也發現光會四散，在光束的邊緣出現彩色條紋，這種現象在微小的物體上，像是一根頭髮或一片紗網，尤為明顯。他的結論是，當光入射在小或窄的物體時，所見的條紋就是證據，證明光通過這些物體的邊緣時，已從原來的路徑偏離。如果光真的是由直線移動的粒子組成，那麼這種固體的物質必定會投射出陰影，而非導致粒子偏移成奇怪的圖案。

此外，有個牛頓和同時代的人都知道的奇怪問題，就是光穿過某些材料時會折射，像方解石（一種天然形成的礦石）這樣的晶體尤其顯著，而光粒子的模型無法解釋這種現象。圖15就是一個例子。在一張紙上寫下單字LIGHT，並用燈泡照亮。將兩片方解石分別蓋住單字的左右各一半。圖15a的左半部，一個單字錯

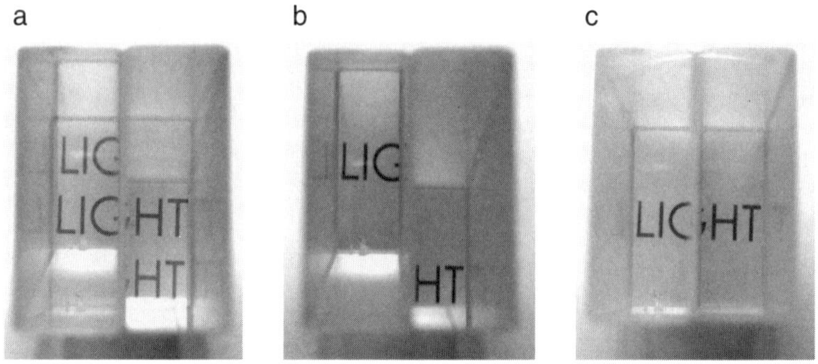

圖 15　雙折射示意圖。LIGHT 這個詞的影像透過一對方解石晶體觀看，利用 a. 非偏振光 b. 垂直偏振光 c. 平行偏振光。

位變成了兩個；在右半部，單字也變成兩個，並往反方向位移。將左半部下面的影像和右半部上面的影像合併，就符合大家期待透過晶體觀察，光從紙張反射的折射影像。但是15b的影像似乎是來自不同的折射率所形成的。在晶體上放了偏振鏡，如圖15b和15c，就能分離兩個不同方向的偏振光形成的影像。每個偏振光都有不同的折射率，這就是雙折射現象。

這些觀察結果都指向光還有需要解釋的特徵。這些特徵分別是干涉、繞射和偏振。我們將在本章探討這些現象，建構光作為波動的概念。

波長與波頻

波的特點是什麼？波是與介質相關的起伏形式，例如，池塘表面的水波，這些波由在水與空氣之間的介面處上下運動的水分子所形成。當波本身運動經過表面時，這個運動的最高點和最低點，成為水波的波峰與波谷——換句話說，水波的運動方向與水分子的運動方向垂直。因為這個理由，水波被稱為橫波，而橫波的速度取決於水的深度等因素。

石頭掉進水中時，從該點向外輻射的圓形表面波（如圖16a），也是一種常見的現象。連續波峰之間的距離稱為波長（圖16b），波峰到達岸邊的速率稱為波的頻率（圖16c），波長與頻率的乘積則為波速。

幾世紀以來，人們一直想解開一個謎題，光到底是由哪些波組成的呢？有人假設波的存在需要某種介質，而光速很快，因此這個介質必須非常堅硬。然而，

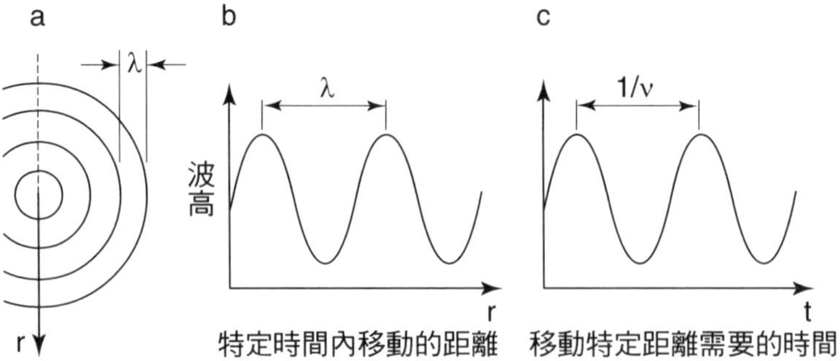

圖 16 水面的圓形波：a. 輪廓線，稱為波前；b. 某個特定時刻的波高和中心的距離；c. 特定位置的波高與時間。

堅硬的介質必定會使其他物體難以通過。例如，我們之所以能看見遙遠的恆星，應該是存在著某種介質，使得光在地球和那顆恆星之間傳遞。既然地球繞著太陽運行，地球行經這種介質時會不斷被「風」掃過。這個神祕的介質被稱為「以太」，直到十九世紀末這個概念才被拋棄。

所以，光是什麼樣的波？十九世紀時，馬克士威回答了這個問題，他證明光是某種新實體的振盪：電磁場。電磁場是作用在電荷與磁性物體上的力。例如，一塊帶有靜電的布會吸附灰塵粒子；磁鐵會吸在冰箱門上。後者的例子中，你把磁鐵靠近門時會感覺到這種力，磁鐵會加速接近冰箱門，除非你施加了一個反用力。

在這兩個例子中都存在著一種力，將一個物體拉向另一個物體。所以，與布相隔一定距離的灰塵粒子，因為電荷在布上產生的電場而感覺到力；冰箱門受到的力，則是源自磁鐵所產生的磁場。十九世紀早期，法拉第已經證明電場與磁場之間有密切關連。馬克士威則將電場與磁場結合，成為電磁力場。事實證明，在波的模型中，可以將光視為電磁場的高頻率振盪。由此推論，運動中的電荷能產生光波。我會在第五章討論這點，以及其他製造光的方法。

干涉

如果將兩顆石頭丟入水中相近的位置，那麼這兩顆石頭會形成兩組不斷擴大的圓形波，這兩組波最終會「相撞」。因此，在波和波相疊的地方，波峰就會變得較高。但是水面沒有上下運動的地方也會有線條，即使兩顆石頭打擾水而產生的波經過了這些線上所有的點。這些線的位置，以及波前——從每個來源發出的波峰的軌跡點，可參照圖17。

這個現象稱為干涉，它是由兩個波相遇時的振幅相加時所形成的。如果兩個波的波值相合，得到的波峰振幅會是任一個波的兩倍。此時我們說兩個波同相（equal phase），形成相長干涉，使波的振幅加倍（圖17b）。但是，如果兩個波完全不同相，也就

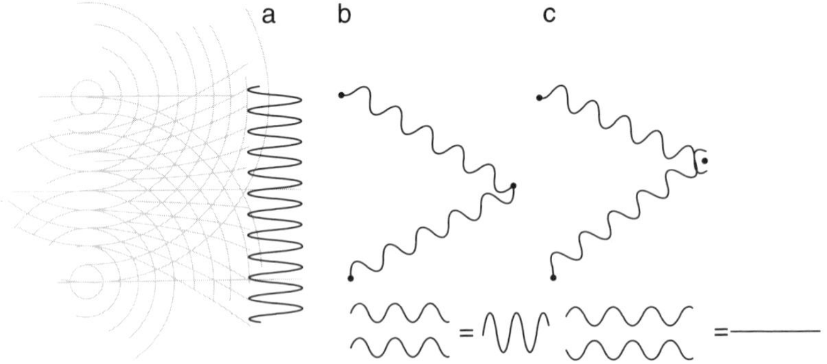

圖 17 a. 一個水面上兩個干擾的圓形波，虛線是同相的輪廓；b. 長度相等的路徑之間建設性的干擾；c. 兩條路徑之間破壞性的干擾，相差半個波長。

是說一個波的波峰與另一個波的波谷相遇，那麼得到的波振幅為零，意思是兩個波互相抵消（圖17c）。很顯然的，這樣的現象不可能發生在粒子上，因為兩個粒子不可能互相抵消。

一八〇三年，英國科學家湯瑪斯・楊格（Thomas Young）在著名的實驗中觀察到干涉現象，使得光的波動說成為解釋光本質的主流。楊格的實驗非常簡單，而且非常明確。他使用蠟燭當作光源，並將蠟燭放在屏幕後方，屏幕上有兩個距離間隔很近的洞。光穿過這兩個小洞，投射在一定距離外的另一個屏幕上。如果只打開一個洞，將第二個洞遮起來，那麼光在屏幕上只會出現一個點。但是，當兩個洞都打開，令人驚奇的事發生了——在屏幕上出現的，不是一個兩倍亮的點，而是在點上出現了條紋。這些條紋是亮度幾乎為零的直線組成，與兩個洞的中心相連的線垂直。圖18是穿過兩個洞的波引起的干涉橫面圖。這些線被稱為「楊氏條紋」，是光的波動說的主要證據之一。

那麼，干涉原理如何解釋牛頓在兩個非常接近的反射中，所觀察到的彩色

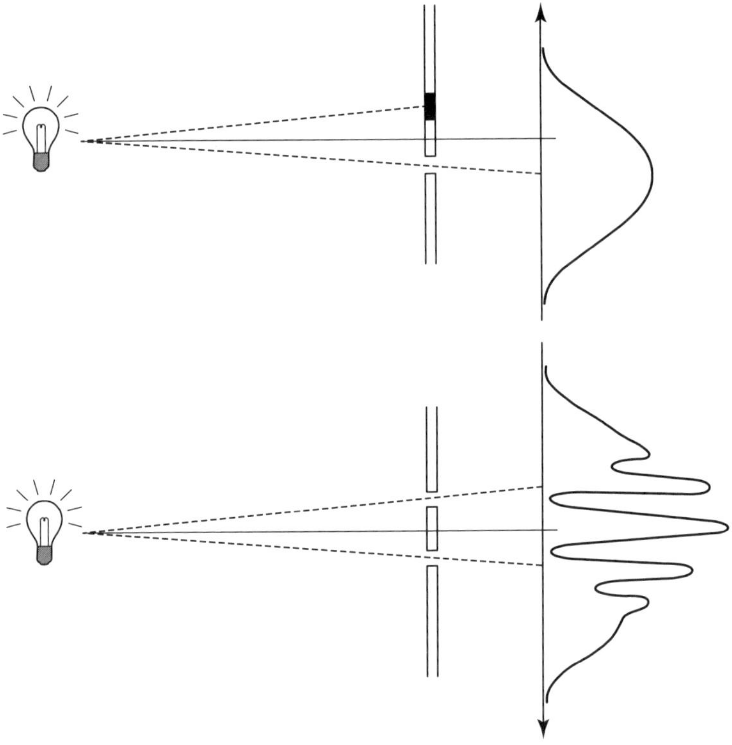

圖 18　湯瑪斯．楊格的實驗。光從一個縫發出時產生光滑的圖案。光透過兩個縫之後，則形成明暗「條紋」，這是典型的波動特徵。

「條紋」呢？產生干涉現象需要兩個波，相對的相位（兩個波的波峰的相對位置）可以調整。在牛頓的實驗中，一道入射光束反射在兩個表面，而被分成兩個波，繼而在這兩個波之間產生干涉。如果兩個反射面的距離，等於該光的單一波長，那麼兩個反射波的波峰相互重合，就會形成明亮的條紋。然而，如果兩個反射面的距離只有波長的一半，那麼一個波的波峰與另一個波的波谷相疊，就會因為相消干涉而產生「暗」的條紋。因此，當你觀察時會發現明亮與黑暗的條紋彼此的間隔，小於一個波長。對於波長約為五百奈米的綠光，其間隔甚至小於兩百五十奈米——約為人類頭髮直徑的四十分之一。

當然，不同波長的光，明亮和黑暗的條紋會出現在不同地方，所以當白光照射時，表面出現的條紋是彩色。浮在水面的油層邊界出現色彩，正是光波的干涉所致。

干涉效應可以在非常小的距離改變光的波長，造成光強度非常大的變化——從無光到單一波長的四倍亮度，這樣的強度變化非常容易被檢測或看見。因此，光波長若發生微小尺度的位移，干涉是非常好的測量方法。許多光學感測器都是基於干涉效應設計而成的。

全像攝影

製作真實的3D影像也需要利用干涉，它可以從不同角度觀看，展現物體不同角度的影像。這稱為全像攝影（hologram），和3D電影中的合成影像不同。全像圖的製作，是透過記錄從物體上散射的光的完整波形。我們習慣的2D攝影影像只編碼了波的振幅（強度），但沒有相位的資訊。這是因為影像的感測器，只對波的振幅有反應，而無法擷取相位。然而，若要編碼物體的形狀，則需要從物體散射的波前相位資訊。

干涉能將相位資訊編碼為強度資訊，所以影像的感測器可以留下圖案，記錄物體完整的振幅和相位資訊，原理如圖19。從物體散射的波和參考波發生干涉，其中參考波通常由雷射產生的已知形狀的波。干涉圖案會被記錄在感測器或感光的材料上。這就是二十世紀中期由英國物理學家丹尼斯．蓋博（Dennis Gabor）發明的全像攝影。

與普通相片相比，觀看全像圖比較複雜。首先，用一束參考波照亮全像圖，其中一些光從全像圖的圖案散射出來。

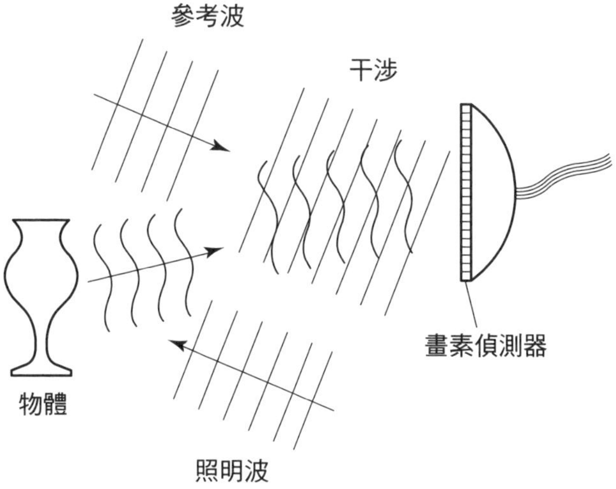

圖 19　全像是由記錄干涉光束和物體散射的光束之間的干涉條紋所構成

這些散射的光束有個了不起的特性，就是它們能夠再現從原始物體散射的光束，當你的眼睛接收到這些散射光時，就像那個物體在你面前重建。繞著影像移動就會看到物體的不同面向，因為從不同部位散射的光束，也編碼了不同的訊息。

全像圖也可以由電腦產出並雕刻在金屬或其他材料上。材料的表面形狀模仿了參考波和物體波的干涉圖案，凸出的部分代表亮的條紋，而凹陷部分對應暗的條紋。同樣地，想看這全像圖，也必須用參考波照射這個圖案，使得散射的光再現所選物體的散射波前。這種全像圖可以作為安全機制，例如使用在鈔票（二十英鎊的鈔票上，就印有十八世紀蘇格蘭經濟學家亞當．斯密〔Adam Smith〕的全像圖），因為這種鈔票不容易製造，需要高階的技術才能複製。

再談成像限制

光的波動說也解釋了我們無法用顯微鏡觀察極小的物體，就像阿貝發現的一樣。非常小的東西——小到半微米（一微米是一公尺的一百萬分之一，大約可見光波長的一半）可以用一般的光學顯微鏡觀察，但如果要觀察更小的物體，則需要利用更複雜的方法。這是因為光的波動特性設下光點最小尺寸的限制。

我之前提到，當兩道光束相交發生干涉時，就會產生零振幅的區域——黑暗條紋。這些條紋之間的距離，取決於兩道光束相交時的的角度。如果角度很大，條紋間距就小；如果角度小，條紋間距就大。條紋的最小可能間距是一個波長，對於可見光來說，這個間距是一微米。

如果這個條紋圖案被記錄為全像圖，那麼當用參考波再次照亮時就會出現兩道光束，其方向和用來記錄條紋的光束方向一樣。為了用顯微鏡觀查這樣的條紋圖案，顯微鏡的透鏡必須捕捉這兩道光束，才能形成條紋的影像。如果透鏡只能捕捉一道光束，其所觀察到的影像就不會出現干涉條紋。

這是我在第二章介紹的阿貝公式物理的基礎：透鏡的成像系統捕捉兩道光束之間的最大角度，決定了能觀察到的物體的最小尺寸。於是明顯可見，最好的透鏡系統可觀察到的物體最小尺寸，大約等於入射光的波長。因此，傳統的光學顯微鏡可以觀察到的物體尺寸，約為人類毛髮直徑的五十分之一，但比這再小的尺寸就無法觀測了。例如，光學顯微鏡能用來觀察生物細胞，但無法用來觀察細胞核。

超解析度成像

光學科學家與工程師已經發現很多聰明的方法，突破傳統光學顯微鏡所能觀察的物體大小限制，如此一來，他們可以觀察細胞內部，或觀察尺寸只有光的波長百分之一的物體。這些工具利用新的材料和新的工藝技術，例如將奈米尺度的粒子附著在想觀察的物體上，或將會發光的分子插進細胞中。這些分子被波長較短的光束照亮時，可以發出長波長的光（發出螢光）。因為它們的尺寸比顯微鏡透鏡的解析度小得多，根據阿貝公式，得到的影像是個點，而點的大小完全受到顯微鏡光學限制。然而，利用攝影機長時間觀察所附著的奈米粒子的螢光，便可以確定螢光強度最大的位置，繼而精確定位這個影像的正中心。這個技術稱為「光啟動定位顯微法」（photo-activated localization microscopy，簡稱 PALM），由美國物理學家艾力克．貝齊格（Eric Betzig）發明。這個技術徹底革新活細胞成像技術，使得人們能夠在寬廣的視野中更快地採集，取得更精確的解析深度影像。

在較大螢光物體測量微小結構的另一個方法，是在螢光物體上照射第二道環形光束，使得被這道光照亮的物體外圍不再發出螢光。透過這個方法，可以利用之前描述的同樣取徑，精確定位剩下的螢光。這個方法稱為「受激輻射消去顯微法」（stimulated emission depletion microscopy，簡稱 STED），由德國物理學家斯特凡．赫爾（Stefan Hell）發明。我會在第五章更詳細描述受激發光的過程。

這些取得高解析度影像的新技術使科學家得以觀察細胞內的結構影像，對生物學和醫學領域影響甚鉅。確實，二〇一四年諾貝爾化學獎就是頒發給貝齊格與赫爾，等於認同這些影響的重要性。

阿貝原理發現的過程反過來使用也是成立的。當光通過顯微透鏡照亮樣本時，阿貝原理說一道光束無法聚集在直徑小於一個波長的點上。同樣地，焦點的緊密度取決於透鏡照射該物體的角度範圍：射線方向範圍越廣，光束聚焦得越緊密。

干涉光束的角度範圍和條紋結構大小之間的關係，對光的波動性質非常重要。十九世紀初，法國科學家約瑟夫・傅立葉（Joseph Fourier）量化這個概念，提出光波傳播詳細的數學分析。簡單來說就是，當你想聚焦的光尺寸越小，達到這個光點的光波射線角度範圍越大。

繞射

繞射解釋光束的另一個特徵——光束在傳播過程中會逐漸發散。根據定義，一道光束的空間延伸是有限的，它是由多於一個方向傳播的波所構成。我們可以使用雷射筆驗證這個想法。雷射筆本身發出的光束直徑約是十微米（一千萬分之一公尺）。當雷射筆的光碰到螢幕，直徑大約是一毫米（一千分之一公尺）。如果雷射筆照射得更遠一點，假設指向月球（大約四十萬公里），那麼光的直徑會變成二十四公里！這個現象稱為繞射。

繞射在決定結構的形狀和對稱性有些有趣的應用。例如，當你對著有許多小洞的螢幕打出一道光，直徑約為光的波長，光會穿過洞散開，擴散範圍與洞的大小成反比。這些散開的光束，在距離螢幕某些距離的地方產生干涉，而產生的干涉條紋，也就是所謂的繞射圖案，則可以告訴我們洞的大小與相對位置。例如，如果洞的排列規律，那麼繞射圖案也會呈現規律。利用繞射圖案測量物體的優點是，你不需要準備很貴或複雜的透鏡系統，或感測器來靠近物體，你只需要觀察因為繞射而自然擴大的圖案即可。

現在，請你想像那個螢幕換成透明的固體材料，利如結晶的蛋白質結構，而蛋白質分子中的原子取代了螢幕上的「小洞」。這些原子非常小，並透過分子中的鍵互相連結，這些鍵的長度大約是一公尺的十億分之一（〇．一奈米）。如果波長接近於這個長度的光，照射在這種結構上，光就會繞射。從繞射圖案可以確定分子本身真正的結構，這是X射線繞射的基礎。如第一章談到，這個方法因為用來尋找DNA結構而聲名大噪，現在也是生物化學領域非常普遍的工具，經常用來尋找新分子的結構，例如用於開發新藥。使用這個方法需要明亮的X射線光源，也需要從分子製造結晶的方法。圖20顯示牛腸道病毒結晶的繞射圖案。

顯然，如果你想遠距離傳輸光線，那麼繞射可能會是個問題。繞射會導致光束中的能量散開，所以你需要越來越大的光學系統和感測器來捕捉所有能量。這對電信傳輸非常重要，因為幾乎所有透過遠距離通信傳輸的訊息都被編碼在光束

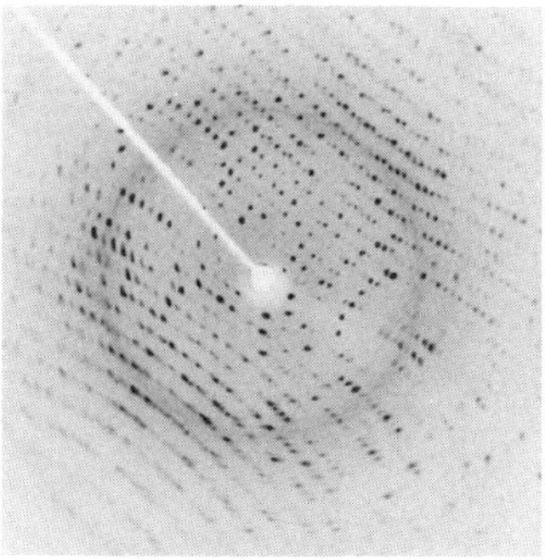

圖 20　利用現代的同步 X 輻射光源，拍下蛋白質結晶的繞射圖案

上。

導波

透過導波器控制繞射，就可能達到遠距離通訊，例如光纖。導波器是一種精心設計的結構，可以用來控制折射率。光纖內的折射率變化經過設計後，使得直徑為幾百萬分之一公尺的「核心」比起周圍的「外殼」有更高的折射率。光線被限制在這個較高折射率的核心，沿著光纖前進，經過非常長的距離（例如，透過海底電纜橫度大西洋）也不會繞射，而光線仍然維

持同樣大小。從通訊到感測器等光學資訊基礎設施，都是奠基於這種控制光的方式。

偏振

光波模型最後一個重要特徵是偏振。回想一下，在橫波中，波的起伏方向與波的傳遞方向垂直。而重要的是，這種波的起伏有兩種方向。

以一條繩子產生的波為例，如果你拉著繩子的一端上下快速移動，你可以看到繩子起伏；如果你拉著繩子的一端左右快速移動，也會發生類似的事。垂直和水平的振盪，都和繩子的波浪運動垂直，這些波都稱為「橫波」。

光波也是一種橫波。例如，水平偏振的光，具有在水平面上振盪的電場（相對於光學試驗台）；同樣地，垂直偏振的光束在垂直平面上振盪（也有更複雜的偏振形式，但暫不贅述）。要解釋雙折射現象，可以從晶體的原子結構著手。這些「單位晶胞」由數個原子構成，本身可能不是對稱的。根據光沿著單位晶胞的長軸或短軸偏振的情況，光會有不同的折射率，因此當光通過這種晶體時，就會發生不同程度的偏移。

太陽眼鏡就是偏振現象最為人熟知的應用。一些太陽眼鏡使用塑膠材質的透鏡（例如寶麗萊塑膠）作為偏振片，偏振片允許特定偏振方向（例如垂直偏振）的光通過，而垂直這偏振方向（例如水平偏振）的光則會被吸收。寶麗萊塑膠是用橄欖球形狀的分子製成。這些分子在塑膠聚合物中排列整齊並且像被「凍結」一樣，這些分子優先吸收沿著分子對齊軸方向偏振的光。一般而言，從物體散射的太陽光是隨機偏振（每個偏振方向大約五十%），那麼過濾某個偏振的光，便能有效降低環境的一半亮度。此外，偏振的太陽眼鏡也能減少眩光，就是從明亮平面反射的光，例如汽車的引擎蓋和擋風玻璃。這些平面傾向反射與該平面平行方向的光，而且比例很高。（這個現象由十九世紀的蘇格蘭物理學家大衛．布魯斯特爵士〔Sir David Brewster〕發現，並以他的名字命名。[1]）眼鏡透過這裡描述的方式阻擋這樣的反射，路的視野也更清楚了。

透明的雙折射材料也可以在不吸收光的情況下改變光的偏振，因為光速取決於相對該材料「方向性」的偏振方向。有些材料，例如一般的玻璃，沒有特定的方向：你可以旋轉它而不改變它對光束的影響。但如前文所述，雙折射材料的原子排列特殊，有優先方向——對稱軸，沿著這個方向，原子對光的反應不同。換句話說，沿著對稱軸偏振的光，相較沿著此軸垂直的光，會走得較慢。試著想像一下，光相對對稱軸偏振四十五度時，假設有一半的光沿著對稱方向偏振，而另一半的光與這對稱軸的方向垂直。如果後者速度減得夠慢，那麼穿過這個材料的光，會被偏振在負四十五度，因此光的偏振方向被「旋轉」了九十度。

一些雙折射的材料可以透過主動調整來改變分子對齊的方向。例如，在材料本身施加電壓，能控制偏振的狀態。最為人熟知的例子是「液晶」，它由拉長的分子組成。液晶中分子的方向性可以透過施加電壓的方式控制。此外，其他材料受到力或壓力時，也會因為力導致材料內部的分子「旋轉」或改變原子的排列方向，而變成雙折射的材料。利用這個現象，藉由監控光學感應器輸出處的光偏振狀態，就能建造力的感應器。

在兩個偏振鏡之間放一片雙折射液晶，就能透過電控制光的強度。施加電壓會使分子重新定向，因此改變偏振光束的折射率。如果偏振片放在液晶後方，根據施加電壓的高低，就能控制傳輸偏振鏡的光量的多寡。如果這樣的「單元」排成陣列，而且每個都被個別的電子訊號驅動，就能用來構成顯示器，其中每個單元都是一個單一畫素。這就是液晶顯示器的基礎，常被用來製作成電腦螢幕或電視。

事實上，這樣的顯示器也可以播放３Ｄ電影。觀看３Ｄ電影時，我們感知到

1編按：即「布魯斯特角」（Brewster's angle）。

的深度，其實是來自人類視覺中的立體感所營造出的錯覺。兩隻眼睛在我們的臉上相距幾公分，每隻眼睛從稍微不同的位置看著同一個畫面。兩個影像在我們的大腦中結合，讓我們感知到深度。

利用偏振的道理，我們就能透過3D眼鏡重現這種錯覺。兩個影像被投射在顯示器或螢幕，它們分別透過特殊偏振的光產出，而每個影像的拍攝角度都略有不同。3D眼鏡則是由兩片不同方向的偏振片組成，兩個影像發出來的光都分別與其中一片偏振鏡片允許通過的方向一樣，使得一個場景傳輸到左眼，另一個傳輸到右眼，並且完全遮蔽另一個偏振「錯誤」的影像。因此，我們看到的場景就宛如我們在自然界看到的景象一樣——換句話說，物體和人像看起來都是三維的。

光的波動模型締造驚為天人的成功，我們因此理解一些的光重要特性，並將此知識用於建造新的技術。光粒子的概念也一樣厲害。但是，這兩種截然不同「關於光是什麼」的觀點都很重要，這的確令人困惑。現在我就要轉向這個難題。

第四章

波粒二象性

光可以被看做「波」以及「粒子」，這兩種截然不同的性質都對我們深具啟發與價值；兩者都使我們對自然界的新知識獲得增長，並且推動新技術的設計與發展。但是，實際上光到底是什麼？「波」與「粒子」似乎天差地遠。一方面，粒子模型把光視為一束能量，是具有特定範圍的實體，並且沿著確定的軌跡移動；另一方面，波動模型將光描述為擴散的實體，它瀰漫在空間中，並且與固體物質的運動不會發生相互作用。這兩種模型怎麼可能指涉相同東西呢？雖然惠更斯和他同時代的人很早就意識到這個困境，但是這兩種描述光的不同論點，直到十九世紀之前都還彼此水火不容。

第三章我們說到，馬克士威利用他建構的電磁場論，將光的性質看做是這些場的波動。這個想法成功解釋了兩個不符合粒子模型的基本現象——干涉與繞射——同時也證實了湯瑪斯．楊格和奧古斯丁．菲涅爾的實驗。但是軌跡的概念直到現在依然存在，尤其對分析與設計光學系統來說仍是個非常有影響力的學說。所以，我們需要進一步思考的是：這兩個在古典物理學範疇中看似針鋒相對的學說，該如何達成和解呢？

再談軌跡

十七世紀，費馬巧妙的提出了與司乃耳截然不同的折射定律。如果你對司乃耳的定律還有印象的話，它說明了光線於兩個透明介質之間是如何改變方向的：當一條射線朝著介面的方向行進，碰觸介面的某個點後，光的行進方向便會發生改變，而其改變的量與兩個材料之折射率的比率成正比。我們將重點放在射線和介質的局部性質，司乃耳的定律適用於射線軌跡上的每個點，射線彷彿能「感覺」它所經過的路徑，當它遇到新的介質時就會自己調整方向。

費馬的觀念完全不同，他主張應該以射線的起點和終點來定義軌跡，如圖21；他認為應該提出這樣的問題：光線到底採取了什麼樣的路徑穿越兩個點之間的空間呢？他主張，光線實際上是採取了一條時間最短的路徑。雖然最後得出的答案和司乃耳相同，但推論過程卻十分卓越且深刻。費馬的「最短時間定理」顯示出光線似乎考量了整體狀況：包括起點和終點的位置與方向，以及兩個點之間發生的所有事。相較之下，粒子模型只能說明光線對周圍直接作用的局部環境發生反應，這明顯與費馬的想法不同。

德國的自然哲學家戈特弗里德・威廉・馮・萊布尼茲

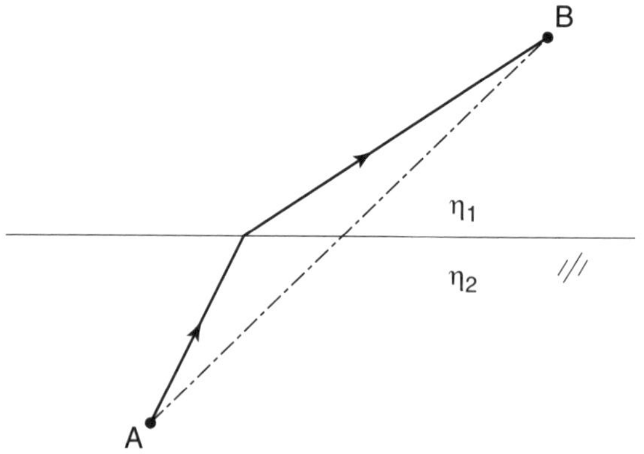

圖 21 費馬認為光線的軌跡是起點（A）與終點（B）之間的最短時間路徑。射線跨過兩個光學介質之間的介面，在不同介質中光的移動速度也會不同。

（Gottfried Wilhelm von Leibniz）完全贊同費曼的想法，他與牛頓同時代，也是牛頓的競爭對手。萊布尼茲佩服費馬能用更宏觀的視角描述整個過程，而且蘊含了一種「最佳化」的概念：一條射線探索了整個空間之後，直接採行了起點與終點之間最省時的路徑。同時，他想出了分析這個的數學工具「變分法」，利用變分法，就能計算出軌跡上的微小變化如何影響光線的整體傳輸時間。萊布尼茲意識到了費馬定理帶給他的重要啟發：光從一點到另一點的運動，定義了所謂「最佳的」軌跡。

確實，萊布尼茲一直深信「最佳化」的概念，甚至將其提升為目的論的基本原則：世界本身，在其所有面向都處於起點與終點之間的最佳軌跡。當他把這樣的立場運用到科學之外的領域時，似乎就產生了某種內在矛盾。伏爾泰（Voltaire）在他的小說《憨第德》（*Candide*）巧妙地諷刺了這種矛盾。小說中的潘格羅士博士堅持無論天災還是人禍，都證明了這是「所有可能世界當中最好的世界」。

連結光波與光線

無論如何，萊布尼茲在數學上的想法為科學發展帶來豐碩的成果。十九世紀著名的愛爾蘭數學家威廉．羅文．漢密爾頓（William Rowan Hamilton）藉此闡明了波動如何與粒子相互聯繫。波可以用波長、振幅、相位來定義（見圖15）；粒子則由位置與行進方向來定義（見圖5），而大量的粒子則由密度（某個特定位置的數量）與方向的範圍來定義。光在介質中移動的特徵是折射率，並且隨著空間發生改變；例如，圖21的介面中，兩個介質之間的折射率出現階躍的變化。

漢密爾頓表明，波粒二象性的問題要看折射率在空間中變化的速度與光波波長的關係。換句話說，如果折射率的變化規模接近波長，那麼光的波動性質較為明顯。如果折射率在空間中的變化較為平滑而緩慢，那麼粒子模型就是比較恰當的描述。

他向我們展示了在常見的情況下，比較簡單的射線概念其實來自更複雜的波動概念。當光的波長大小和傳播介質相似時，就會出現屬於波的現象，例如繞射與干涉。因此，當光線打到直徑只有幾微米或邊緣非常銳利的物體時，例如鳥的羽毛或蝴蝶的翅膀那樣精密的結構，繞射圖案就會在你眼前出現。另一種情況，以相機的透鏡為例，整塊玻璃的折射率非常均勻且保持不變，那麼軌跡概念的解釋效果已經夠用了。

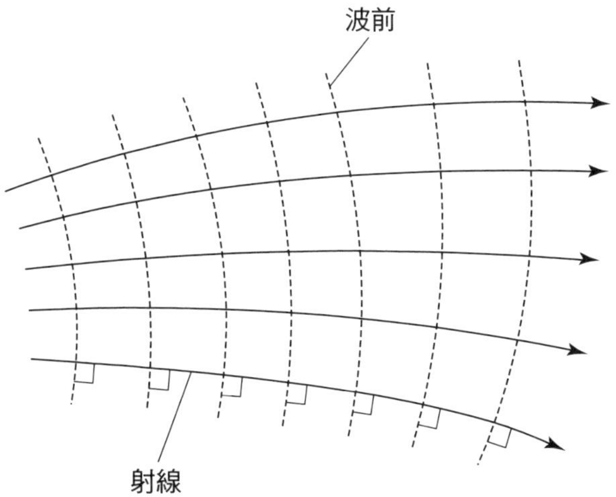

圖 22　漢密爾頓認為射線是波前的連結線，以此結合光的兩個主要概念。

漢密爾頓更進一步證明了費馬的軌跡和波的一個性質直接相關——波前（wavefront）。當波在空間中傳播時，將相位相同的位置連接起來就是波前。例如，當你把一塊石頭丟進池塘裡，水面漣漪的圓形圖案就是波前，也就是波峰（或波谷）於某個特定瞬間在表面上的位置。在此，漢密爾頓注意到所謂射線其實是與波前垂直相交的線條（如圖22），因此相鄰的波前就能以一條明確的軌跡彼此連結。

漢密爾頓的「光學類比」

這個卓著的結果揭示了一項重要的類比，即漢密爾頓所說的「光學類比」（optical analogy）。他注意到一個眾所周知的力學公式——也就是物體的運動與位置——其實是基於軌跡的概念。十八世紀時，皮埃爾·路易·莫佩爾蒂（Pierre Louis Maupertuis）就曾想過，物體的移動軌跡可能也是一種「最佳化」

的結果。莫佩爾蒂同時制訂出一種衡量物體「作用量」的方法，即物體在一定軌跡上的移動速度、距離以及質量的乘積。

他主張，物體在兩點之間沿著軌跡移動的作用量應該為「最小」，如同費馬主張一道光線的傳輸時間應該為「最短」一樣；莫佩爾蒂的「最小作用量原理」和費馬的「最短時間原理」在概念上非常相似。事實上，瑞士數學家李昂哈德·尤拉（Leonhard Euler）就利用萊布尼茲的微積分，從莫佩爾蒂的原理導出了著名的牛頓運動方程。藉此，尤拉便將「粒子通過環境時察覺其路徑」、「粒子的路徑受到起點與終點之間整個空間的影響」兩種論述方式連結起來。

漢密爾頓找出了根據運動物體所處之特定環境來概括物體作用量變化的方程，結果這個方程恰好和他用來描述光線軌跡的方程非常相似（所謂環境描述就是折射率如何隨著光線在介質中的位置而變化）。這裡暗示了固態物體的軌跡和虛擬的波前之間有著潛在的類比：也許所有物體都有著與粒子類似的軌跡以及與波類似的性質。事實上，漢密爾頓的方程及其同名函數，對於我們理解光的下一個重大議題非常重要——量子力學。

未解的難題

量子力學的出現確實為一項重大突破，但絕不是科學界唯一突破的機會，自然界仍有許多謎團尚待我們發掘。十九世紀即將結束之際，仍有一些關於光的未解難題，即便以漢密爾頓連結波動與粒子的方法，或以任何當時盛行的理論模型都無法解釋。其中兩個最重要的難題便是熱物體（包括太陽）的顏色，以及火焰中不同原子的顏色。

眾所周知，物體加熱時會改變顏色；以金屬塊為例，金屬塊的溫度越來越高時，首先會發出紅色的光，然後是橘色，接著是白色。為什麼會這樣呢？這個問題難倒當時許多偉大的科學家，包括馬克士威自己。當我們將馬克士威的理論應用於這個問題上時，照理說隨著溫度增加，顏色應該越來越藍，並且沒有界線，最後會超過人類的視覺範圍，進入光譜上的紫外線區域；但實際上並非如此。

第二個例子來自研究原子發出的光，這方面的先驅是瑞士物理學家約翰．巴耳末（Johannes Balmer）。我們在第五章會詳細討論這個機制，在這裡，光的重要特徵是光譜上的顏色分布，如圖23a。就這方面而言，原子發出的光和太陽光不同（太陽是熱物體的好例子），太陽光有著我們熟悉的「彩虹」光譜，如圖23b，包含了從紅到紫的連續顏色（而且兩端都繼續向外延伸，只是我們看不見）。相反地，一群原子卻會發出不連續的光——一組特定波長的「線條」光譜——並且與那些原子的內部結構有關。

這兩個現象都需要大幅修改人們對光的想法，因為它們無法以當時的波動模型與原子結構來解釋。

十九世紀晚期任職於柏林洪堡大學的馬克斯．普朗克（Max Planck）首先想到如何解釋熱物體發出的光譜——也就是所謂的「黑體」問題。他猜想，當光與物質相互作用時，它們只是交換了不連續的「能量封包」，也就是所謂的「量子」。普朗克知道自己的想法會帶來革命，因此不願從中推導出太多光的性質，不過我們早已知道這項發現將來仍會戲劇性地改變眾人對光的看法。在此，他的想法正好符合了過去將光視為粒子流的許多概念：一種不連續的實體、挾帶固定的能量、可以被原子吸收或發射。

這似乎走了回頭路，光的波動模型可以解釋至今觀察到的大部分現象，而且漢密爾頓的研究清楚表明，就連像是軌跡這種原本作為實體粒子最明顯的證據，在某些情況下也可以用波動模型來解釋。所以，光的粒子說顯得不再必要；當然，那單純是計算出來的結果，可以說是一種透過數學計算的「修復」，用來解釋某些既有理論無法解決的困境，而且最終應該被更合理、更一致的學說取代。但是，結合巴耳末的觀察，這個猜想終究會徹底改變物理學。

普朗克提出想法的幾年後，愛因斯坦利用光和物質之間的能量不連續交換概

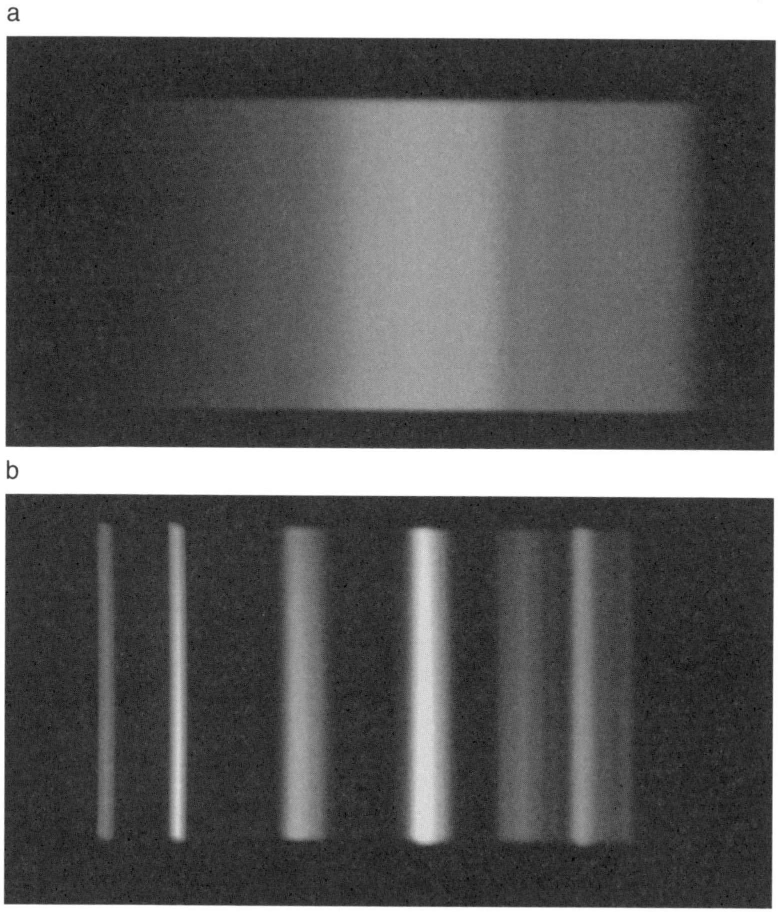

圖 23　a. 從太陽（黑體）和 b. 從霓虹燈發射的光譜。前者是連續的色帶，後者則是特定顏色的不連續線條，這些譜線是氖原子的「指紋」。

念解開另一個無法解釋的物理現象——光電效應。當光照射一片金屬時，可以看見這個效應。某些電荷——其實就是電子——會從金屬中噴出來。電子噴出來的速度取決於光的波長。光必須夠「藍」，也就是波長夠短，才能看見電子噴出。隨著光變得越來越藍，電子噴出的能量越來越大，速度也越來越快。

愛因斯坦的解釋是，電子需要一個特定的能量來逃出金屬的抓力，而且電子將不連續的能量傳送給光的粒子——光子——能量與光的頻率成正比（比例的常數即為普朗克常數h）。如此一來，當這個光的頻率夠高（因此波長夠短），這個光被吸收時，就能提供足夠的能量讓電子逃逸。他的模型表示，普朗克想法的核心，也就是光和物質之間不連續的能量交換，而這種不連續的性質完全就是粒子模型的重生。

這個想法符合巴耳末觀察到的從原子發射出的光具有不連續的譜線，但是這個現象顯然需要更進一步思考才能更完整的解釋為何原子會從這樣的能量包裡發出光？這個關鍵想法來自丹麥物理學家尼爾斯．波耳（Niels Bohr）。他表示光之所以發射不連續的能量包，原因是原子本身只能以這樣的結構存在。他將原子比喻為小小的行星系統：電子圍繞中央的核運行，電子可以在兩個穩定的軌道之間「躍遷」，並同時發射或吸收光（取決於躍遷到較高或較低能量的軌道）。這些軌道——或量子狀態——的特性取決於原子的詳細結構：多少電子與核的大小。因此，當電子在兩個量子狀態之間移動時，給予或拿取的能量就是那個特定原子本身的識別標誌。所以當一個光子的能量等於電子在一個原子中兩個量子狀態的能量差，那麼就有可能吸收或發射能量。波耳的想法簡潔地解釋了巴耳末的觀察，並支持光束作為一群不連續粒子的想法。

所有這些發展都可能破壞馬克士威理論強烈支持的光波動模型，甚至超越漢密爾頓軌跡與波動的調解，因為不連續的粒子似乎是光的基本特質，而不僅是將物體的尺度與光的波長比較的結果。於是，科學家們開始重新探討光的本質問題。

一九〇八年，在劍橋的傑弗里．泰勒（Geoffrey Taylor）用非常微弱的光進行楊格的雙縫實驗——弱到任何時候裝置中平均不到一個光子——但他還是看到干涉的線條。這個實驗結果非常奇怪。如果我們認為從光源到偵測器的那條路徑通過一個縫，而第二條路徑通過另一個縫，那麼即使有兩條路，也只有一個光子可以從光源到偵測器。這個實驗出現干涉條紋，使得當時重要的科學家們開始關注這個難題。面對這個難題，波耳表示：「必須說，一方面，那個光子永遠選擇兩條路的其中之一，而另一方面，它的表現彷彿同時通過了兩條路」。也就是說，即使單一粒子也會表現像波的行為。

是波也是粒子

你也許想像得到，突破這個難題需要真正革命性的思想，而這位擁有前瞻思想的人正是一九二〇年代在劍橋進行研究的保羅．狄拉克（Paul Dirac）。狄拉克表示，光的根本性質同時是一個粒子也是一個波。這聽起來像一種邏輯上的詭辯，而且無法解決任何問題。然而，這可不單純只是一句口號；狄拉克想出馬克士威電磁場理論的量子力學版本，他藉此證明，如果你利用類似楊格雙縫實驗的干涉儀測量「量子場」，就會看到具有波狀表現的干涉現象；然而若你只是測量光的強度，那麼只要計算光束中的光子數量即可。

這是一個非常深刻的理解，他把量子場當作是宇宙的根本實體，其既不是粒子也不是波，而同時是粒子也是波，這便是完全的波粒二象性。光展現的所有現象因此得到優雅的理解，這個架構可以解釋至今以來所有的光學現象，包括古典物理世界的牛頓、馬克士威、漢密爾頓，以及量子物理世界的普朗克、愛因斯坦、波耳。然而，這個理論實在令人困惑，因為自然界中竟然存在著如此不直觀的實體——量子場——而光只是其中一個例子。

光既是波也是粒子，如此革命性的想法引導出若干重要的新概念。例如路易．德布羅意（Louis de Broglie）表示，如果光存在這種二象性，那麼其他東西肯定也有。所以，我們通常以為是一群粒子所組成的物質實體應該也有像波一樣的性質。他的想法比漢密爾頓更進一步，甚至找出物質波動性波長的定義（現在被稱為德布羅意波長 λ_{dB}），其與粒子的動量（質量與速度的成積）成反比，比例常數為普朗克常數 h：

$$\lambda_{dB} = h/mv$$

這表示如果想要觀察到這個現象，你應該利用質量非常輕或溫度非常低的粒子，當粒子移動起來非常、非常慢時，你就可以觀察到這樣的現象。圖 24 為利用雙縫干涉儀產生的干涉圖案，但用的是分子，而不是光。這件事的含意令人難以置信。如果你把分子想成非常輕的粒子，那麼這個圖案就十分令人費解；因為就直觀來說，它應該只能通過其中一條縫。然而，實際上一個帶有質量的粒子卻可以通過兩條縫來干涉自己，這個想法十分驚人。

奧地利物理學家埃爾溫・薛丁格（Erwin Schrödinger）推測，如果所有物質都表現出波的性質，那麼肯定有個可以描述物質波動性的方程。要上哪找這樣的方程呢？他藉由漢密爾頓的「光學類比」推導出的方程，描述一個粒子「作用量」的演化過程。他在這個方程之上補充了一些東西，並利用普朗克常數，最後成為了一個描述物質波動性的方程。這就是薛丁格著名的「波函數」（wave function）的來源。波函數有幾個和光波類似的性質，包括干涉與繞射，但其指涉的是量子物理學範疇中明顯具有質量與重量的粒子。結果，我們還是不明白波函數所描述的到底是什麼？是粒子本身？還是某種我們對粒子認知的簡略表達？

「強度」是光的一個重要性質。如果把光看成波，則光的強度與其振幅的平方成正比；如果把光看成粒子，則光的強度與光束中光子的密度直接相關。同樣地，波函數的平方和粒子在某個特定時間、空間點上的密度相關，但是不可能確定地說某個分子在某個瞬間佔據特定位置。這個不確定性似乎是世界的基本性質，而且深深與一個事實有關：事物的本質就是量子場。

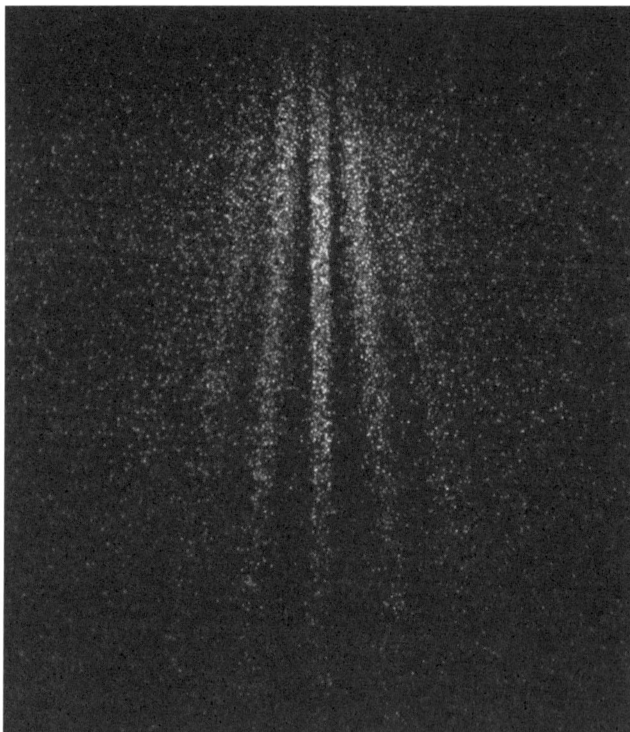

圖 24　分子一次一個通過縮小版的楊氏雙縫裝置所產生的干涉圖案。兩條縫非常小，其間隔只有十億分之一公尺。

無即是有

這個事實的另一個結果是「無」即是「有」。也就是說，即使空間中完全不存在任何物質（例如電子或原子）或光（即光子），也仍具有可測量的性質。這個空白狀態被稱為「電磁量子真空」，就是當所有可抽出的能量都被移除後的宇宙狀態。然而，即使真空中沒有光子或其他任何東西，真空中場的活動卻是如火如荼、起伏不定。更驚人的是，量子真空竟然具有可觀察的現象，「無」怎麼可能產生我們可見的現象呢？

我們已經見過光可以被想像成電磁場的波動，我們接著想像這個場是大海表面的漣漪。這些漣漪會晃動船隻，但是不會上下移動船身或像實際的波浪那樣推動船身；多數情況下船身不會移動，但卻會來回搖晃。

現在想像相同的事發生在一個帶電的粒子上，例如電子。這個電子在電磁真空中「感受」到隨機的變化，並且因為這些變化而晃動。如果該電子困在一個原子中，而該電子可能佔據的量子狀態出現能量位移，那麼就會顯示出這種晃動。由於那個原子吸收的光子頻率取決於兩種狀態的能量差，所以在原子吸收的光的顏色中，就可以看出這些變化。雖然這些變化很小——光的波長位移甚至小於十億分之一——但是測量頻率的技術精準到可以測量出這樣的變化。第一個觀測到這種變化的人是一九五〇年代在紐約的威利斯·蘭姆（Willis Lamb），他因此獲得諾貝爾獎，這種頻率變化被稱為「蘭姆位移」（Lamb shift）。

光的二象性有許多面向。即使在量子力學出現之前的科學界，也需要解決射線與波的對立問題。當時的解決之道是理解光具有波動的本質，以及與光相互作用之物體的大小與性質。當所有物體都比光的波長大很多，而且沒有銳利的邊緣，粒子的行為（沿著定義明確的軌跡移動）就足以描述這種情況。

量子力學在這種二象性上轉了個彎。當光與物質相互作用時，光的角色或多或少是定義明確的能量子，但同時也可以展現出波的性質。這個解決之道是個全新概念——量子場——光子受這個場的激發，並依照馬克士威光波方程的量子版本進行傳播。

量子場現在被視為宇宙最根本的實體，也是所有物質與非物質事物的基礎，光在其中也許只是個最簡單的例子。對此唯一的解釋是，宇宙間所有事物不是粒子也不是波，而是兩者兼是；這就是現實世界的本質。

第五章

光物質

如何才能產生光呢？在討論之前，先讓我們看看身邊有哪些光：鎢絲燈或螢光燈；雷射筆；電器上的指示燈，例如烤吐司機、汽車儀表版；日光和星光；甚至是在地球南北兩極才有機會看到的極光；螢火蟲和其他發光的蟲；船尾波的磷光。這些非常不同的東西到底藉助什麼方法產生相同的東西——光？

關鍵是，它們全都涉及物質。說得更詳細一點，它們全都與電荷的轉移有關。當這些電荷加速時（改變速度或運動方向），就會產生光。理解這個簡單的物理定律，是電磁學理論最大的成就之一。

電場的起源是電荷，例如原子中的電子，電子產生的電場會吸引質子一樣帶負電的粒子，遍及整個空間。隨著距離的增加，電場的吸引力就會變弱。如同我在第三章提過，靜電的力就是這樣來的。

震盪的原子與彎曲的電子

現在假設電子開始運動，圍繞著它的場會隨之改變，因為場和電子是分不開的。電場中的改變如圖25所示，它看起來像是個「扭結」。只有當電子移動引發的電場變化被質子感知時，質子才會注意到電子已經移動，因而產生時間差。電子已經移動的資訊，也就是扭結，大約以光速傳播。當質子感知到變化後，它就會根據電子的運動方向而有所反應，電子距離它較近，則質子受到的電場會變強，反之亦然。

現在假設電子來回移動，那麼它周圍的電場也會隨著電子變化，與電子的振盪同步，並傳遞到質子的位置，於是質子接收到訊息時也會發生振盪。而這振盪的電場（與相關的磁場，在此暫且不討論）就是我們說的光。

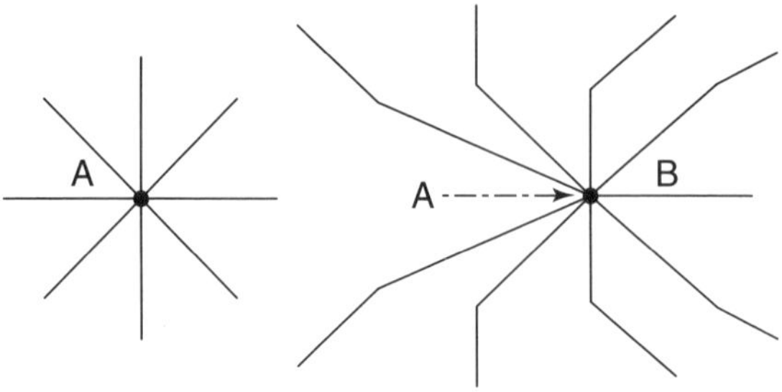

圖 25　電場中的線條：a. 不動的電子與 b. 加速的電子。當電子加速時，場中的變化——場中線條的「扭結」——會以光速傳遞出去。

以最簡單的氫原子為例。氫原子由一個電子和一個質子組成，我們可以從氫原子著手，理解原子如何產生光。首先，想一想，當我們用一束光照射一個安靜不動的原子時會發生什麼事？光迫使原子中帶電的粒子，也就是電子與質子移動。但是既然電子比質子輕得多，給定施加的力，電子更容易移動，所以我們可以將質子視為靜止不動，只觀察電子相對於質子的運動。事實上，電子以光的電場頻率振盪，並隨著電場改變加速或減速。

這個過程有點像推著小孩盪鞦韆。讓鞦韆盪起來的最好方式，是推鞦韆的時候和鞦韆自然的振盪周期一致，也就是在鞦韆運動的最低點時輕輕推一下。即使如此，要讓小孩盪得夠高，還是需要花費一些力氣。小孩在鞦韆盪到最高點時，經歷最大的加速度，而鞦韆掉到最低點時則速度最大。原子內部的電子也是如此——光束的能量被原子吸收，並轉為電子的運動。

現在假設你停止推鞦韆，會發生什麼事？鞦韆擺盪的幅度越來越小，然後停止。同樣地，原子也是如此。電子逐漸停止振盪，並將它們的動能轉為發出光。這就是光發射的過程，也是許多光源發光的基礎，例如霓虹燈招牌、螢光燈、雷射筆。

在上述的討論中，我已經事先假射有一道光束被用來讓原子內部的電子發生振盪。但從某個方面來說，這迴避了「如何產生光」這個問題。事實上，還能利用其他方法「刺激」原子。首先，我們可以透過加熱材料達到這個目的。這就是一般燈泡的情況，讓電流通過金屬絲，加熱到非常高的溫度（約莫幾千度）。隨著材料溫度越來越高，電子開始推擠，與原子互相碰撞，且碰撞的次數越來越多。而這種碰撞刺激了原子，並造成電子迅速的加速或減速，因而產生顏色範圍非常廣大的光，其中光的顏色取決於材料被加熱的溫度，而不是構成材料的原子類型。

光也可以透過電流產生。例如，顯示器用的發光二極體（LED），是通過材料的電流或電子流，直接被原子捕捉。所以，這種方式產生的光，比發熱產生光的效率還要高。螢光燈管也用電流直接刺激原子，只是這次是在充滿氣體的燈管中。此外，不同的化學與生物反應也會釋放能量，其中一些能量會以光的形式離開原子或分子。這就可以用來說明螢火蟲發的光從何而來。

我們之前提過，加速度具有兩種含義：一種是速度的變化，如同我們剛剛看到氫原子中電子和質子的變化；或者速度不變只改變方向，這種加速度的方向變化在汽車轉彎時很常見：你會被推到門邊或椅子邊，並感受道有股力量透過車子推你。車子轉彎的速度越快，那股力量就越大，這表示你正在加速，即使車子行駛速度並沒有改變。

當帶電粒子遇到這種經歷時，也會導致它們發光。想像一群電子被迫繞圈移動，彷彿它們被困在輪胎旋轉的車輪邊緣中。電子產生光，又因為這個角加速度，它們繞圈的速度越來越快，光的波長越來越短（所以光子的能量越來越大）。這樣產生的光稱為「同步輻射」，是用來產生X射線常見的方法。南北兩極的極光也和這個原理有關，就是來自太陽的帶電粒子進入大氣層時，受到地球磁場被迫旋轉而產生的光。

光子放射過程

所有光源的產生都依賴這個基本機制。但是當一群原子團體行動時，它們的行動方式對於實際發出的光的特性具有重大影響。如同我在第一章提過，燈泡發出的光和雷射筆發出的光截然不同。為了了解這點，我們必須稍微深入研究原子的結構。畢竟盪鞦韆並不能完全類比於原子的發光過程，需要加上某些東西，才能說明原子和分子的量子特性。

就目前的討論而言，原子或分子中的量子特性，意味著電子只能抓住固定量的能量。類比我們的盪鞦韆模型，就是鞦韆最大的擺盪幅度不能隨你喜歡，而是受限於特定值：量子化的值。尤其，鞦韆的能量來自不連續的封包或量子。當你推鞦韆時，你只能讓它跳躍一個或更多量子。在這個原子中，這意謂當電子吸收或發出單個光子時，只能以同樣不連續的單位改變電子的能量。與日常生活的能量相較，這些讓電子跳躍的能量非常小。以家中的燈泡為例，燈消耗的能量假設是六十瓦，或每秒六十焦耳。燈泡中一個從原子發出的光子大約是10^{-18}焦耳。所以一個燈泡每秒發出超過10^{19}個光子。

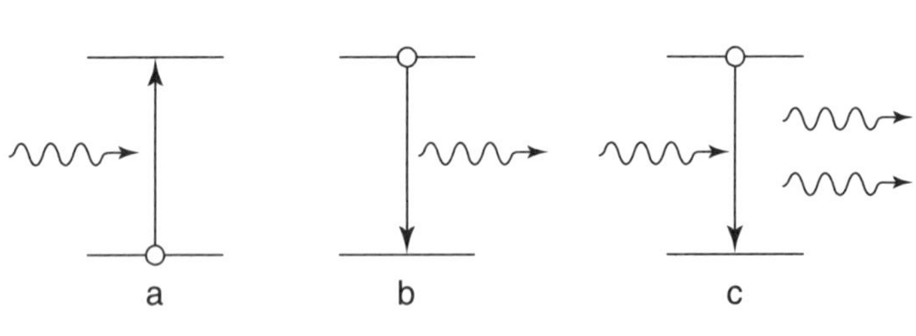

圖 26　一個原子經歷吸收（a）、自發輻射（b）、受激輻射（c）的過程。

只要照射適當頻率的光，原子就能處於受激狀態，如圖26a。（當然，我們也能用其他方法刺激原子，例如在介質中注入電流）。根據量子理論，我們可以從電子運動的「跳躍」推論，原子內部的電子一旦處於這種不連續狀態，其實相當穩定，不會發出光。它們就像放在櫥櫃裡某一層的球，可以藉由往低層滾動降低能量，但實際上除非你稍微推它一下，讓它滾下去，否則它不會動。

所以量子物理學似乎在說，一旦你讓原子處於這種穩定狀態，原子就不能發光——正是如此。事實上，在原子內部，除了處於最低能量狀態的電子之外，電子都能被推一把，從較高的能量狀態到較低的能量狀態。而且驚人的是，那個推力是憑空出現的。

我在第四章提到一個量子物理學最奇怪的特色：即使是空無一物的空間裡，也充滿「真空起伏」（vacuum fluctuation）。電磁場的這些波動可以導致原子的電子掉到較低的能階，並以發光的形式釋放能量差。這個原子（或分子）從穩定的狀態（受激態）到較低能量的狀態（基態），並釋放出光子的過程稱為「自發輻射」（spontaneous emission，如圖26b）。每個原子都能自發輻射，最初提出這概念的是愛因斯坦，他是為了解釋光束和其照射物質之間的能量平衡關係。如果自發輻射沒有發生，表示原子會抓著來自光束的能量，那麼在我們周圍隨處可見的情況，即多數事物和周圍環境處於平衡，就不可能存在了。

愛因斯坦認為自發輻射的箇中奧祕就是隨機的過程。你無法確切說出任一給定的原子什麼時候會跳躍。你只能說，多數情況下，一段時間（取決於特定原子，但大約是一萬億分之一秒）內，在一大群原子中約有三分之二的原子會發出光子。但這種根本的隨機性源自哪裡依舊是個謎。直到一九二七年，狄拉克的量子場論提出，量子真空起伏就是隨機性產生的源頭。一個完全沒有光子的場可以致使一個受激原子不穩定，這個想法和我們的直覺衝突。直到一九五〇年代，蘭姆的測量才證明狄拉克的解釋正確。

這意謂著，即使是我們習以為常的生活經驗——例如，LED電視產出的圖像——本質上都有這個來自量子力學、根本上隨機的特性。相反地，原子受到另一個光場的光照射，被迫放棄能量而發出光，稱為受激輻射（stimulated emission，如圖26c）。這個將原子的能量收回光場的形式並不具隨機特色，而且能做出另一種非常不同的光：雷射光。

相干性：全部一起作用

當原子和帶電粒子各自「隨意移動」時，它們多個聚在一起發出的光，是一組不協調的波。即使是小到只有一毫米的LED裡，也包含大量的原子，所以這是很常見的情況。

這種發出不協調的光有一個特性，每個原子不顧相鄰的原子在做什麼，隨機發出自己的光子：光朝許多不同方向射出，且光子全都在不同時間被發射。於是，隨機的發射過程便會反映隨機的光強度。

假設我們在一顆燈泡前面放一個光偵測器。（光偵測器的作用方式和燈泡相反。它利用光電效應，入射在偵測器的光會產生可以測量的電流。）我們會看見，偵測器輸出的電流非常雜亂，因為照射在偵測器的光強度變化快且隨機，因此抵達的光子數也是隨機的。

如果可以讓原子同步，讓它們一起作用，會發生什麼事呢？我們可以回頭想想之前的類比：想像有一些鞦韆，而每個鞦韆擺動頻率相同。這些鞦韆也許都是隨機擺動：也就是說，任何時刻，鞦韆會擺動到固定的軌跡上的不同位置。或者它們可能同步，相鄰的鞦韆間軌跡差異是固定的，就像足球比賽時，相鄰的觀眾依次起立和坐下形成的波浪舞。在第一種情況下，這些未調和的原子發出的光，就像燈泡或 LED 的原子，稱為「不相干」。但在第二種情況下，原子以密集連鎖的方式產生振盪，所有光子朝相同方向發射，發出「相干」的光。這是受激輻射的情況（圖 26c），也是雷射器的基礎。

雷射光

雷射器大概是上個世紀最重要的光學發明。這個裝置生產了非常有用的光束，澈底革新光學應用的範圍與性能。它不止是特殊的照明來源，例如顯微鏡與光譜術，還能將大量的能量刻意導向特殊的目標，達到控制物質的動力。後者應用的極端例子，就是雷射驅動的原子融合，使得新的核能形式應運而生，提供了非常多的能量，這將在第七章討論。

雷射器包含一個光學放大機，或稱增益介質，放在形成光共振腔的兩面鏡子之間，其原子透過受激輻射而產生光。光共振腔中的光子數則隨著原子不斷發射光逐漸增加，直到從原子注入光束的能量與通過鏡子流出光共振腔的能量達到平衡。也就是說，當放大機啟動時，從放大機發出的光被光共振腔末端的鏡子反射回去，已經受到刺激的原子又進一步受激輻射，使得光共振腔中的亮度增加。在另一面鏡子，一部分的光被送出光共振腔作為有效輸出，部分的光反射回到增益介質。當放大機進入光共振腔中的速率等於光從鏡子透射出來的速率，雷射就處於閾值。超過這個閾值，放大機增益的任何增加（原子進入受激態的速率），將導致光共振腔內的強度增加，輸出光也隨之增加。

光共振腔也對雷射光的顏色加諸限制。獲得最多增益的頻率，是光波每來回一次就隨著建設性干涉增加的頻率。這意謂著，在光共振腔中往返一次的長度應該與波長一半的倍數相等。滿足這個共振條件的頻率稱為「共振腔模態」（cavity mode）。

雷射之所以重要，是因為它們發出的光是相干的。所有光子都以相同顏色朝著相同方向運動。而方向由光共振腔決定，顏色則由增益介質中的原子和光共振腔的決定。這導致雷射光以光束的形式存在，這幾乎與你想像中的「光線」類似。雷射光傳播中仍會因繞射而發散，但是發散的程度非常小。這種特性也意謂雷射光可以利用透鏡或鏡子聚成一個非常小的點。

與燈泡發出的光的第二個差別是，雷射光的顏色通常非常純粹。換句話說，雷射光只有幾個波長，但是燈泡光通常發出的光波長比較廣。雷射光的強度非常穩定（光偵測器的輸出中呈現非常低的噪聲），可以發出持續的光，或發出脈衝序列。

雷射光可以聚焦成非常小的點，因此對顯微鏡非常有用。例如，透過雷射光掃描放置在顯微鏡透鏡焦點位置的物體，並檢測從物體散射或重新發出的光，就可以做出該物體的3D影像。這個方法對於觀察動物組織非常有用，這類的光學顯微鏡在生物醫學領域應用廣泛。

雷射在製造業的應用也是利用雷射光的這個特質。例如，標記、裁切、鑽洞、焊接金屬等作業，都需要短時間在金屬小小的面積上注入很多能量。高功率雷射器除了產出相干的脈衝光束，且聚焦能力強，因此成為這些材料加工的理想選擇。

雷射的醫學應用也需要類似性質，此時的材料是皮膚、牙齒、頭髮。雷射矯正視力和雷射牙科現在非常普遍，雷射可以加熱皮膚上的墨水，直到墨水變成碎片，藉此消除刺青。雷射也可用來除毛，可惜無法重建毛髮！其他熟悉的雷射應用裝置，例如用非常小點的雷射光讀取 CD、DVD、藍光光碟，以及某些電腦硬碟儲存裝置，也是因為雷射光可以形成非常微小的光點，故可用來儲存非常高密度的資料。

雷射光的顏色純度很高，因此可以利用光譜術區分不同混合物中原子和分子的種類。我在第一章說過，不同原子以及不同分子，因其不同的結構，吸收與發出光時的頻率各異。套用這一章的類比，它們就像鐵鍊或繩索長度不同的鞦韆座椅——它們自然振盪的頻率取決於它們的組成方式。

事實上，每個原子和分子，對應不同電子配置的激發，都有不同吸收與發射的頻率範圍。這些頻率取決於可見光譜的藍光波段，但某些分子也吸收人類看不見、比可見光短很多的波長。另一方面，許多分子吸收的是比可見光的紅光波長還長的光。這種差異來自組成分子的原子核之間的振動。由於原子核比電子重得多，它們振盪的頻率通常比較低，因此這組頻率成為分子的「指紋」，可以辨識分子的類型。

利用這些指紋建置的目錄在化學領域非常重要，因為它可以辨別出化學反應中的不同元素。這個目錄也用在分子生物學，甚至在細胞生物學中，可以研究特定「標記」的分子運動。對天體物理學來說也很重要，它可以確定天體（恆星、星系、星雲）中的物質。此外，在大氣物理學與氣象學中，則可以遙測汙染物或顆粒。這種監測為評估氣候變遷的影響與來源時，提供重要的資訊。

結合數種不同的雷射輸出，例如紅光、綠光、藍光，就可以製作雷射投影機。根據電腦或網路輸出的影像訊號，分別改變每道雷射光的強度，例如透過液晶盒，就可以將電影投射到大型螢幕，其所呈現的影像生動且色彩鮮豔。紅光、綠光、藍光（RGB）就足以組成完整的調色盤，而且雷射光在螢幕上所產生的影像非常明亮。

X射線

當光的波長非常短，屬於在光譜的X射線區時，就會出現特定的光譜。X射線光子的能量夠強，不只可以激發原子中最外層的電子，也可以激發原子中被束縛得最緊密的電子。這意謂著X射線可以用來觀察原子和分子的核心，也可以用來了解它們所處的環境，我們就可以轉移電子的束縛能量。

X射線吸收的光譜技術廣泛應用於多種材料研究，從檢測微量汙染物到了解玻璃的結構。如同第三章提過，X射線利用繞射法，也可以用來研究晶體結構。當X射線波長接近晶體中原子的間距時，那麼晶體的作用就是「繞射光柵」（diffraction grating），X射線往離散的方向散射。透過監測相機觀察這些繞射圖案，再利用先進的反向演算法，就能重建非常複雜的晶體3D結構。這個流程經常被用來描繪分離出的生物與化學分子特徵，確定可能的新分子結構，為分子設計特殊的功能。

這種光譜技術最好的光源是同步加速器。為了製造所需的短波長X射線，同步加速器必須產出高能量的電子束，並圍繞著一個大環加速它們。隨著電子的運動加速，實驗站會捕捉到閃爍的光，導致X射線短脈衝，用於繞射成像。例如，英國哈威爾（Harwell）的鑽石光源中心（Diamond Light Source）在一個長度超過半公里的圓圈裡，將電子加速到超過十億伏特。下一代的X射線光源正利用線性粒子加速器建造，它將會產出極度明亮的X射線光束。圖20的X射線繞射圖案就是用鑽石同步加速器拍攝的。

超短光脈衝

雷射光也能以短脈衝的方式出現，有幾個方法。製造最短脈衝的方法稱為「模態鎖定」（mode locking）。模態鎖定需要具有大頻寬的增益介質，也就是說，可以在比較寬的光譜範圍內放大光，光共振腔內不同種類的雷射光可因此得到增益。如果可以讓這些不同種類的雷射光全都具有相同相位，許多頻率的光波建設性地增長，單一脈衝就會在光共振腔內的兩面鏡子之間來回反射。脈衝有多短取決於多少頻率被鎖定——頻率分布的範圍越寬，脈衝越短。

產生持續時間很短的脈衝被實現後，出現了一種測量技術，稱為動態或時間解析光譜術。這是根據一個早期的原理——頻閃儀（stroboscope），它能讓我們看見事物隨著時間如何改變。利用光來「定格」快動作的想法，可回溯到十九世紀末埃德沃德．邁布里奇（Eadweard Muybridge）的攝影作品。他利用快速照相機的鏡頭快門拍攝一匹馬小跑步的照片。馬奔跑時腿動得太快了，人眼無法分辯，所以當時並不知道馬跑的時候是否四腳騰空。為了找到答案，邁布里奇沿著跑道設置了一排相機，每台相機的快門都綁著細線，當馬通過相機時就會觸發快門。因此，他能夠將馬反射的光「切」成短的脈衝。光脈衝的持續時間比馬腿移動的時間更短。他的攝影成果讓他能向研究資助者萊蘭．史丹佛（Leland Stanford）說明，馬奔跑的時候，有一瞬間牠的四條腳都離地。

傳統相機的手動快門雖然可以快速關閉，但仍然不夠快，以致於無法觀察某些動物的動作，例如蜂鳥的翅膀拍動。甚至是更快的物理事件，例如無法捕捉到發生在千分之一秒的爆炸瞬間。為了解決這個問題，一九五〇年代麻省理工學院的哈羅德・埃傑頓（Harold Edgerton）發明新的非手動快門，能夠利用這個裝置拍攝爆炸事件的「靜態」相片。

這些快門是我們所謂的「被動」工具。它們單純允許光的切片在它們打開時通過，所以適用於照明良好的物體（在加州陽光下的馬）或自己就能發光（爆炸）的情況。但是，我們可以想像「主動」工具，它能產出照亮移動中物體的光脈衝，例如相機閃光燈發出的光脈衝。相較我們眼前物體移動的時間，持續時間較短的閃光，能讓物體的影像在時間中「定格」；第二次閃光則定格稍後的動作。接下來的閃光以此類推。

連續拍攝特定事件得到一系列的畫面，便可組成一部電影。這也代表一個變化非常快速的系統，它的時間尺度比肉眼能觀察到的快很多。確實，透過這種方

圖 27　利用頻閃成像定格運動中的子彈

式觀察到在極短時間發生的事件，真的令人非常訝異。埃傑頓在一九三一年發明「頻閃儀」。他的代表性影像，例如子彈穿過一顆蘋果或一張紙牌（圖27），就是使用這個裝置拍攝而成。

利用現代脈衝雷射作為「閃光燈」，不僅能觀察子彈運動的瞬間，也能看到化學反應時原子在分子中的運動[2]以及電子在原子核周圍高速移動著。這種運動的時間尺度小得令人目瞪口呆，對分子的來說，它不到 100×10^{-15} 秒或一百飛秒（fs），而對原子中的電子來說是 100×10^{-18} 秒或一百阿秒（as）。飛秒化學與阿秒科學，則是光與物質相互作用的研究先端。我將在第七章進一步討論。

2 埃及化學家亞米德・齊威爾〔Ahmed Zewail〕因此獲得一九九九年諾貝爾化學獎。

第六章

光、空間、時間

十三世紀，林肯郡主教暨牛津大學第一任校長羅伯特·格羅斯泰斯特（Robert Grosseteste）是當時著名的思想家，他極其推崇古希臘時代著作。對他與許多哲學家而言，理解光的本質是理解世界的關鍵。格羅斯泰斯特在論文〈光〉（De Luce）中是這樣讚美光的重要性的：「在我看來，光……是第一個物質形式。因為光可以往每個方向擴散，因此，一個發光點會瞬間產生任何大小的光球。」

格羅斯泰斯特認為，光可以用來定義空間。沒有光就沒有空間，因此也就沒有能夠發生事件的場所。物質以及物體所在的空間必須與光結合，無法分開定義。光、空間、物質之間密切的連結，憑藉格羅斯泰斯特之手甚至可以量化，因而開啟接下來幾個世紀宇宙學的思想發展。

時空

對牛頓而言，空間不需要被承認，也不必被定義。他認為空間是一個早就存在的實體，就像是一個舞台，事件就在這個舞台發生。因此，他提出一系列力學定律，而天空中大尺度的物體運動是定律中不可或缺的部分。相反地，愛因斯坦認為「光」是理解空間概念的核心。對他而言，光速是訊號從宇宙一處傳送到另一處的速度上限，所以「光」用來定義時間和空間，而且時間和空間不可分開。愛因斯坦的相對論告訴我們，時間和空間不能單獨考慮，因為我們對時間和空間的感受，是奠基於距離與時間間隔的局部測量。正因為光速就是速度限制，這些測量和相對我們運動的測量也有所不同。

空間和時間這種奇怪的糾纏是怎麼發生的？這得先從牛頓的空間概念說起。我們可以將它想成一個鷹架——想像這是一個由固定長度的桿子相互連接而成的三維立體框架，如圖28。牛頓認為這種鷹架結構存在於任何事件發生之前，而且所有事件就在這個鷹架的某處發生。因此，可以從框架中一個固定的點，計算到達事件的桿子數量，來得到明確的距離。事件當然也會發生在某個時間，所以必須在鷹架中放置時鐘來測量時間。如果把時鐘放在每根桿子的交界處，在空間任何地方都顯示同樣時間，那麼我們就能輕易定義「普遍時間」。

現在，我們必須提出幾

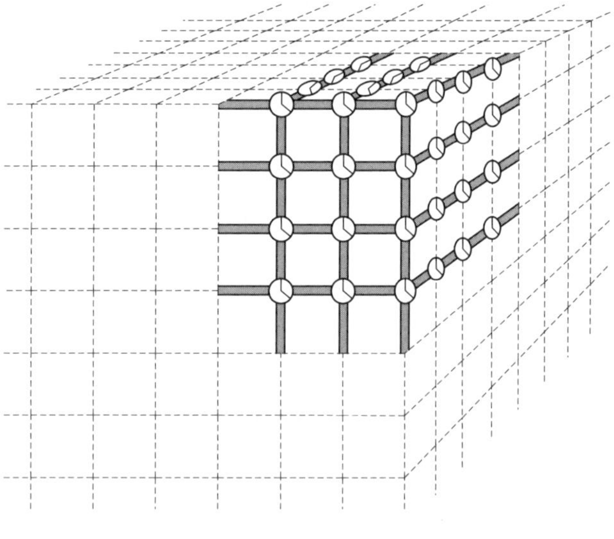

圖 28 量桿構成的三維格子，代表空間的鷹架。每個交界處都有全部同步的時鐘。

個問題。首先，我們該怎麼打造時鐘？其次，我們如何確保它們在整個空間同步？最後，如何確定長度標準？這些問題的答案都和光的特性密切相關。確實，第三個問題的答案是：一公尺是光在真空中行進 1/299,792,458 秒的路徑長度。因此連結到第一個問題：我們打造的時鐘能多準確？

時鐘

時鐘主要的特色，就是它會「滴答」作響。換句話說，它會以規律的時間間隔發出訊號。計算事件之間的滴答數，就可以得到事件之間的時間間隔。時鐘越準確，滴答之間的間隔越規律。在老爺爺的時鐘裡，時間周期是長的擺錘規律擺動。在電子表裡，時間周期則倚賴一片石英晶體的振盪。石英晶體比擺錘擺動更規律，因為擺錘會受時鐘所在地的溫度與溼度的影響，所以才說石英表比老爺爺的時鐘準確。

世界上最準確的時鐘是原子鐘，其計時原理來自原子內部繞圈運動的電子高度規律的位移。我們已經知道，原子內的電子可以在原子內部不同的穩定能階之間跳動。對一些原子而言，這些能階之間的差異極為分明，因此，基於光推動電子在兩個能源狀態間上下跳動的頻率，電子跳動的頻率可以用來定義一組「滴答」。

這個概念非常簡單：用微波照射原子（回想一下，微波就像光一樣，但頻率低很多——電場每秒振盪數十億次，而不是可見光的情況下則是數百萬），再慢慢改變微波的頻率，直到電子在原子能階之間穩定移動。因此，電子在特定原子中的能階間隔，就定義了微波輻射每秒的循環次數——時鐘「滴答」的頻率。

打造原子鐘面臨許多技術挑戰，包括冷卻原子，使它們處在理想的初始狀態，然後用微波照射它們，以最大化原子鐘的敏感度，最後偵測並確認電子在給定時間時，確實處於較高能階的狀態。銫原子的原子鐘是目前最準確的時鐘，每三億年才會出現一秒的誤差。

原子鐘提供的時間標準經過國際認可，並由政府部門的實驗室維護，例如美國國家標準暨技術研究院（National Institute of Standards and Technology，簡稱NIST）、英國國家物理實驗室（National Physical Laboratory，簡稱NPL），德國聯邦物理技術研究所（Physikalisch Technische Bundesanstalt，簡稱PTB）等。原子鐘對於許多我們日常生活依賴的科技來說非常重要。例如，汽車衛星導航時不可缺少的全球定位系統（GPS）。

時鐘同步

下一個挑戰是同步兩個時鐘，等於校準兩個時鐘。其中一個方法，是從一個時鐘發送一個訊號到另一個時鐘。當你啟動第一個時鐘，完成第一個時間周期時，發出光脈衝訊號到另一個時鐘。負責第二個時鐘的人，就會知道第二個時鐘比第一個時鐘晚了幾秒（因為時鐘的結構一樣，我們假設它們計時的周期也一樣），並利用這個資訊設定正確時間。

這件事情會產生一個有個的趣結果。試著想像一下，你希望同步你在地球上的時鐘和放置在遙遠星系行星上的時鐘。你往行星的方向發射光脈衝，然後等待。儘管光速很快，但因行星距離地球遙遠，抵達那裡可能需要很長的時間。與此同時，你變得越來越老。在行星上的人所收到的同步訊號，是年輕的你所發射的，他看到的你則是你發出訊號的時候。

同樣地，當我們看著遙遠的星星，實際上看見的是很久很久以前星星所發出的光。而當我們看著更遠的恆星和星系，其實是在窺探數十億年前的宇宙。在這個意義下，我們接收到的光也是數十億歲了——從它在遙遠過去誕生的那一刻起，就一直在太空中旅行。光是我們在宇宙能看見到的最古老東西。

不過，我們通常說的時鐘距離沒這麼遠。有個有趣的現象，當你把一個時鐘放在移動速度每小時八百公里的飛機上，會發現它比地面上的時鐘走得慢。換句話說，如果你將時鐘全都設定為同一時間，你會發現在飛機上的時鐘，滴答速率看起來比地面上的慢。這是因為訊號在兩個時鐘之間傳遞的最大速度是光速。

看看圖29你就會明白其中的道理了。圖中A是站在地面上的人，B是坐在高速飛行飛機中的人。A朝離地面高度H的鏡子發出光脈衝，從A的角度來看，光脈衝傳播的距離是H。但是，從B的角度看，訊

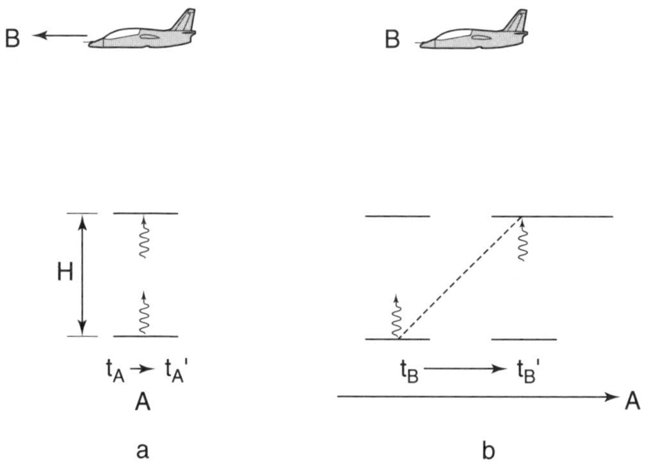

圖 29　因為相對運動產生的時間膨脹。觀察者 A 和 B 測量脈衝抵達鏡子的時間。他們測出不同時間，因為他們相對彼此正在運動。

號傳播的距離會稍微比H長，因為A相對於B是以高速往後移動。既然對A和B而言，訊號都以光速行進，而且訊號發出和收到之間，兩人記錄的滴答數相同，那麼唯一的解釋是，從A看來，B的時鐘滴答比A的時鐘慢，而從B看來，A的時鐘滴答比B的時鐘慢。這個現象叫作「時間膨脹」。

愛因斯坦也用了同樣的方法，說明空間同時在收縮。意思就是，在A眼中，B框架中的桿子（見圖28）應該比A短（雖然實際上一模一樣）。反之亦然，在B眼中，A的桿子看起來比B自己的短。

出現這兩個現象的原因是，任何訊號傳遞的速度有上限，而這個速度對每個人都一樣。若非如此，人就可以依照偏好選擇鷹架或「參考框架」，而訊號仍以最高速度傳播。愛因斯坦的相對論證明了這種框架並不存在，所以，牛頓提出早就存在且固定不變的空間概念不正確。既然任何種類訊號傳播的最高速度都是光速，光對於定義時間和空間就非常重要。

值得一問的是，若利用「光脈衝」原理校正兩個時鐘，它們能夠同步到多精確的程度呢？有個方法是盡可能讓光脈衝越短越好，到達時間的不確定性也會最小。所以，了解光脈衝的長短是否有極限就很重要。事實證明，光脈衝真有極限，而且來自類似波的性質，和我們在第三章看的成像系統解析度限制類似。

我們也許可以從這個問題著手：如何確定光波的頻率？想像一下，我們手上有個時鐘，觀察時鐘在兩個滴答之間，我們共接收到幾個波峰。波峰的數量越多，則光波的頻率越高。頻率的測量準確度，取決於我們重複這個測量的次數，因為我們判斷光波是否到達波峰的能力其實不甚完美。因此，我們測量時間越長，所得到的結果越準確。這種權衡對波而言是基礎——頻率的不準確性乘以時間間隔的不確定性是定值。十九世紀的數學家約瑟夫·傅立葉發現了這件事，他在建立光傳播的波動模型方面扮演關鍵角色。

超短光脈衝

傅立葉的定理對於時鐘同步非常重要，定理指出，如果想要短脈衝，必須有一個不確定的頻率。換句話說，光的短脈衝是由多種顏色的光構成的。這完全可以類比阿貝發現的成像光學：高解析度的影像需要小的焦點，需要聚集較大範圍角度的射線。事實上，類比可以更進一步。如同阿貝證明的，最小的光焦點大約是照明光的一個波長，傅立葉證明光脈衝最短的持續時間是光波的一個周期。

在實際執行上，這意謂對於光譜可見範圍的光而言，產生持續時間約為兩飛秒的脈衝是可能的。厲害的是，來自雷射的光源，基於第五章描述的模態鎖定技術，現在已經可以常規地產生這樣超短光脈衝。

儘管如此，這些不是自然界存在的最短光脈衝，甚至也稱不上實驗室可以製造的最短光脈衝。事實上，平均波長更短的光源，其所產生的光脈衝更短。根據單次循環的道理，將波長縮短，光學周期（optical cycle）也會跟著減少，原則上脈衝的持續時間也就縮短了。這個是目前世界上可控制的最短脈衝記錄。透過對原子氣體照射非常密集的雷射光，這個過程稱為「高諧波產生」（high-harmonic generation），製造出來的光波的頻率是雷射光頻率的幾十倍。這樣的光脈衝持續時間為數十阿秒（一阿秒為10^{-18}秒），相當於電子在原子裡振盪所需的時間。

頻率梳

在第五章時，我說過模態鎖定的雷射器中，單個脈衝需要穿過一個光共振腔。每當它遇到其中一面鏡子並反射時，一部分的光脈衝就通過那面鏡子並離開光共振腔。因此，從光共振腔外部看，光看起來就像一個「連續」的脈衝序列，脈衝的間隔就是光在光共振腔中來回一趟的時間，通常是十億分之一秒左右。為這脈衝序列拍張「快照」，你會觀察到這些非常短的脈衝，彼此之間間隔的時間比它們的持續時間還長，看起來像梳子的牙齒一樣（如圖30）。而且只要謹慎調整產生脈衝的雷射光，這些脈衝就會一模一樣，使每個脈衝的電場都在相同時間達到高點。

這意謂著，頻率梳（frequency comb）中的每個「牙齒」在絕對頻率處都有一個非常精確的位置。一組精確校正過的頻率對於打造準確的時鐘非常重要，因為有了這組頻率，就可透過一般的電子設備，直接比較較低的頻率（通常是微波）與光學頻率。

因此，我們可以將銫原子鐘的微波頻率，

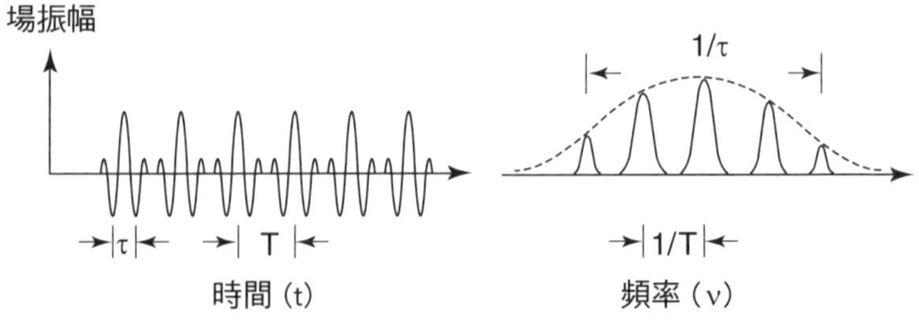

圖 30　一列相同、幾乎單次循環的光學脈衝。脈衝序列的光譜看起來就像梳子的牙齒，故稱為頻率梳。

與光譜光學波段中較準確的電子位移比較，例如鍶原子或鋁離子。由於鍶或鋁內的光電子振盪頻率的精確度，衛星導航中使用的標準銫原子鐘，可實現時間同步並以相同頻率進行計時，每三億年才會出現一秒的誤差。

這種「光學鐘」可以精準比較不同的頻率，也能用來作為測試相對論的方法，了解光之於定義時間和空間時，它所扮演的角色。截至目前為止，頻率，也就是時間，是目前所有物理量中測量精確度最高的。

光電信

頻率梳對於以光為基礎的電信連線也很重要。我們在第三章時，已經知道光波可以沿著光纖或在玻璃「晶片」中傳播。遠距電信的基礎建設就是源自這個現象，因而連結住在世界各地的人們，它同時也是網路的基礎。這個方法之所以被廣泛應用的原因是，相較電線，甚至微波細胞網絡，以光為基礎的通訊，承載訊息的能力更強大。這使得透過網路傳輸像是影片等大量的資料得以實現。

許多電信公司提供「光纖寬頻」方案。這些方案主要的特色是高速——每秒可傳輸或接收最高可達一百百萬位元（MBps）的數據。一個位元組有數個位元，一個位元只能是數字1或0。通過光纖串送的訊息是一串「位元」，再由你的電腦或手機將位元解碼為影片、音訊、文字。光學通訊中，位元由光束強度代表——基本上低強度是0，高強度是1。每秒送達的位元越多，通訊速度就越快。而電信公司說的 Mbps，就是我們從該公司的連結傳送與接收訊息的速度。

為何光這麼適合應用於通訊？有兩個理由。第一，光束不容易互相影響，所以一條光纖可以同時傳送許多光脈衝（通常是不同顏色），而不需要擔心訊息亂成一團。這是因為製成光纖的玻璃並不吸收光（或只吸收一點點），因此不會加熱或打斷其他脈衝序列。

此外，在玻璃中傳播的光束必須非常強，才會影響另一道光束。例如，當你將兩道雷射筆的光束交叉，即使兩道光束直接穿過彼此，你也不會看見光束扭曲或偏離原來的路徑。（如果你的雷射筆功率超高，或許你就會看到這個現象，但那是因為房間充滿空氣。如果處在真空的環境，它們不會互相影響。）這意謂著在多數材料中光束的「干擾」非常微弱，所以許多光束可以同時出現，而不會導致訊號變差。另一方面，「有線」通訊連結的運作，是電子在銅線中移動。這種方式下，電子通常會加熱電線，導致電子本身能量耗損，因此難以接收訊號，故不同訊號的頻道必須維持少數，才能避免這個問題。

第二，光波振盪的頻率很高，因此如前所述，能夠產生很短的脈衝。這意謂脈衝與脈衝之間的間隔可以很小，使每秒傳輸更多位元訊息。確實，在當今商業長途傳輸速率可以達 40 Gbps（1Gb 是十億位元）。相較之下，銅線中的電子訊號則因加熱效應，而受限於將訊息編碼的脈衝持續時間與間隔，這種熱效應會隨著頻率增高而加劇。銅線在以比光纖通訊低許多的傳輸速率時，就已氣力耗盡。

以光纖為基礎的光學網絡也可以支持顏色範圍廣大的光。因為玻璃能夠傳輸範圍廣大的波長，尤其在一．五至一．五五微米波長範圍中的散射和吸收損耗又特別低，光子在光纖中的喪失率約每公里五％。這些耗損則可以藉由放大光纖中的光強度來彌補，如此一來，即使是長距離的傳輸（例如跨大西洋），也不需將光轉為電子訊號就可實現，反之亦然。

電信通訊的頻譜窗分成許多個別的頻率「槽」——很像圖30的頻率梳。每個頻譜槽就是一個單獨的通訊頻道。一個頻譜窗可以有大約一百五十個頻道。每個頻道可以運作一個40 Gbps的光學信號。因此，整個通訊的位元率是150x40 Gbps，或6 Tbps（1Tb是一兆位元）。

隨著網路使用的普及與其提供的服務增加，通訊頻寬的需求與日俱增，這促使光學工程師的創意也被刺激到新的高度。

第七章

光的尖端研究

雖然光學研究的歷史悠久，而且可能是最古老的自然哲學與科學發展分支，光學依舊在科學研究與應用的前沿位置。光學無所不在，它是感應、成像、通訊的工具，也能探索、發掘並解釋新的基礎效應。

光在物理學中的極端環境仍可產生，例如那些不存在於我們熟知的地球環境，卻存在於遙遠恆星的極端溫度與壓力。而且光可以用來觀察、控制極高速的事件，例如原子裡的電子運動等等。

此外，光可以展現與量子世界有關的奇異特徵，透露出反覆無常的世界中違反直覺的隨機性，而這些隨機性支持我們日常經驗裡穩定、堅固的世界。在這一章中，我會探索某些光正帶領我們走向與走過的尖端領域。之所以能探究這些領域，是由於光源、光學系統與偵測裝置等技術的大幅進步，讓我們能精確地控制光束的形狀與強度。

光力學

光可以在物體上施加作用力，光束經過塑形，可以「遙控」一些小塊材料。光可以用來接觸並移動物質實體，或操縱原子和分子的內部結構；例如強迫它們進行簡單的化學反應，並用來研究與利用不尋常的材料性質。在許多研究領域中，光扮演了一個非常重要的角色。

由光引發的機械力概念，來自每個光子所挾帶的動量。如同水管裡的水撞到牆壁並反彈時會對牆壁施加一個作用力，當一個光子從鏡面反射時，鏡面也會受到一個作用力，並使光子改變方向。

同樣地，光子在折射時也需要一個作用力來改變方向，這使得光子會在折射的物件上施加一定的作用力。如果一道光束射入一顆玻璃珠，與珠子成切線的射線其方向改變的幅度會最大。通過珠子下半部的這條射線中的光子，經過珠子表面時，方向會改變為向上行進，珠子因此受到相反方向的力。既然方向向前的光子的動量減少（遇到珠子前的運動方向），表示也會有個方向向前的淨力。這個力的強度取決於每秒折射的光子數量。所以，如果光束中心的強度比周邊更強，珠子就會被拖移至光束強度較高的位置。

這個效應可以用來製造一股集中的光束，變成一個「光學鉗子」，用來抓住一個微小的物體，並操縱光束來移動物體。光學鉗子可以應用在生物學中，用來控制單個 DNA 鏈的位置與運動，或是描繪微小的分子馬達（molecular motor）特徵。尤其是 DNA、蛋白質等等生物學中重要的分子，它們可以附著在這些珠子上，因此可以利用光學鉗子來操作。我們可以透過這種方法控制它們的位置，其精確度比光的波長小得多。如此一來，生物學家也可以測量極小的力，例如生物細胞附著在其他細胞表面時的力；此外也可以用於針對細胞進行雷射操作時，將細胞固定不動，也就是所謂的細胞手術。光學鉗子也可以和其他測試方法結合，例如從氣懸膠體或光譜散射的光裡面發現可能是大氣層汙染物的分子。

這些「光—機械」的力也可以發現微小物體的全新運動狀態。例如我們現在可以打造出一種微型的機械懸臂（如圖31），並且透過光來觀察並控制懸臂的動作。光之力可以冷卻或加熱懸臂的震盪幅度——就像放鬆或拉緊手錶彈簧——最終盡可能使之達到到完全靜止的狀態，此時只有量子波動會干擾完全靜止的懸臂。此外，光之力也可以冷卻更小的物體——原子——並藉此揭露物質更奇特的量子狀態。

圖 31　用光之力控制的奈米尺度懸臂，上面的圓盤是直徑約 30 微米的小鏡子。

超冷

你體驗過最冷的感覺是什麼？牛津的冬天（約攝氏兩度）、渥太華的冬天（攝氏負二十度）、南極（攝氏負五十度）？或是液態氮（攝氏負兩百度）？這些當然都很冷，但絕不是最冷。原來低溫也有一個極限：攝氏負兩百七十三度，或稱為０Ｋ（絕對零度）[3]，沒有物體會比這個溫度更低。物體在這個溫度會保持完全靜止，只有量子力學的效應會造成原子和分子一點點震動。

實際上，人造的裝置不可能做到絕對零度，但利用「光學冰箱」卻可以非常接近。事實上你可以做到足夠冷，冷到讓原子幾乎停止動作。這意謂著它們的尺寸會變得更大。量子力學告訴我們，你不能同時具體指出一個物體確切的位置和速度；如果原子完全停止，那麼它必定延伸至整個空間。當所有被冷卻的原子佔據空間裡同一個區域時，就會發生非常奇特的新現象。

光學冰箱的運作原理是利用雷射「冷卻」原子。想像一道雷射光束照射在一個原子上，當這個原子從左邊移動到右邊，而雷射光從右邊照射到左邊，光子就會順勢擊中原子。此時，某些雷射的頻率經過調整，被以特定速率移動的原子吸收。現在，當一個原子從雷射光束吸收一個光子，就會被那個光子踢一下，因此慢下來。（更詳細地說，光子的動量被轉移到原子身上，而那個動量和該原子初始的動量方向相反，因此減少了該原子的動量，並減慢該原子的速度。）該原子稍後會再次發射光子，而且會被以該光子相反的方向踢一腳。但是再次發射的光子的方向是隨機的，任何方向都有可能。

如果你看夠多這種「吸收─散射」的事件，就會發現雖然光總是從一個方向被吸收（雷射光束的入射方向），卻不會往特定方向、而是均勻地往所有方向發

3 編按：Kelvin（克耳文）是溫度的計量單位，符號為「K」。

射光子。這樣的結果就是，整體而言一群原子停止往雷射光束的相反方向移動，只剩下代表某個溫度的隨機活動，而這個溫度與再次發出光之前、並抓住光的時間成正比。

這個方法經過改進後，可以將原子或分子冷卻至極低的溫度，光彷彿就像「膠水」一樣讓原子的活動越來越慢。當原子的活動足夠慢的時候，甚至可以用光學鉗子來捕獲原子。科學家應用更精密的光學冷卻技術時，可以做到比絕對零度只多出十億分之一度的溫度。

之前說過，即使在絕對零度的狀態下，原子還是會殘留一些量子的「震動」。這個震動的範圍可以想成是原子本身空間的延伸。換句話說，根據量子力學，原子並非只是在一個小區域的空間裡隨機遊蕩，而是立刻遍佈整個區域。對於被束縛在這種低溫之下的原子，那個區域的大小可能是數千分之一公尺。其中電子和原子核之間的距離不到一奈米，所以那是一個非常大的原子。更奇怪的是，數個原子可以在同一時間佔據這個空間。

這個現象在概念上非常違反直覺。我們通常認為原子就像小顆的撞球，可以聚在一起變成一個固體物質，原子們根據在那個物質內的位置彼此維持分明的個體界線。但非常冷的原子不是那樣，它們全部同時無所不在。發現這種新的物質狀態的人是愛因斯坦與印度科學家薩特延德拉・納特・玻色（Satyendra Nath Bose），這個現象由此被稱為「玻色—愛因斯坦凝態」（Bose–Einstein condensate）。

這個非常奇怪的狀態具有相當厲害的性質。例如，它是一種超流體，流動時不具黏性。接著，若把整個原子雲切成兩半然後重組，兩個半邊之間就會出現量子干涉，實際上這就表示一個較大的物質（包含許多原子，而且大小明顯可見）存在量子特徵，這個特徵源自於我們無法確定原子在原子雲的哪一邊，我們必須把每個原子想像成同時佔據分開的兩邊。

由於這些冷原子可以被光束捕獲，所以也可以利用數道光束創造出一個空間結構，用以操縱那些原子。例如，就像我在第三章所說的，兩道光束重疊時會形成干涉圖案，其中會有高低強度不同的若干區域。冷原子喜歡在某個特定區域安頓下來（你可以調整光波長度來控制它們要落在哪個區域）。隨著光束強度增加，原子會掉進像是「蛋盒」的光學陷阱，顯示出強度不同的圖案（圖32a），而且整個過程非常有趣。

當原子夠冷時，它們不喜歡擠在這個蛋盒中同一個「格子」裡，所以原子分散的方式非常像剛好裝滿的蛋盒，一個原子剛好一格（圖32b）。這種情況下不會形成超流體的特性，因為原子們喜歡保持不動。由於沒有任何移動的束

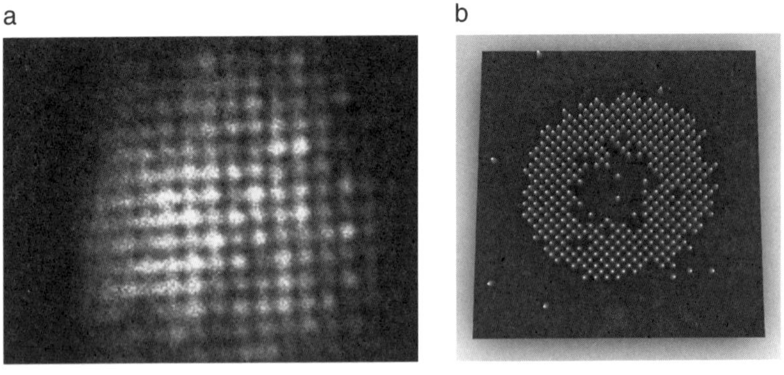

圖 32 冷原子束縛於光學格中。a. 每格擁有數百個原子（數十個 μK）；b. 每格只一個原子（數個 nK）

西，所以反而更像是「絕緣體」。當我們把光的強度忽高忽低的調來調去，就會看到原子們在「完全自由流動」和「完全不流動」之間轉變，十分有趣。

因為我們可以在量子的尺度下控制這些原子，科學家也就能夠探索與其他材料相關的物質（例如，固體狀態的金屬氧化物）的新特性；在此之前，要在那些材料上達到同樣精確的控制和測量非常困難。現在，我們可以在這些蛋盒中觀測冷原子氣體中的個別原子，並且觀察它們在各種環境變化下的表現。

我們還可以利用不同種類的原子探索這種低溫機制，並且利用光建造出更複雜的捕獲結構。科學家現在可以利用冷原子「模擬」其他量子系統，這個想法是如今正在進行的研究領域。如此一來，便可以再次探索其他方法不能解決的問題，而且可望以新的方式來理解材料與結構，帶來新的影響。我們也許能夠思考並設計新型的磁鐵，應用在例如電腦資料儲存、醫療用的核磁共振，甚至是磁浮列車的馬達等等。

超高速

光的脈衝可以非常非常短，在第五章我曾說過可以和光場單次周期一樣短。在光譜可見區域的光而言，那大約是兩飛秒；在極端紫外線區域的光而言，波長較短且頻率較高，持續時間也會更短，目前測量出來最短竟然不到一百阿秒。這是目前能夠控制的最短脈衝（雖然我們可以利用粒子對撞機觀察到時間尺度更短的現象）。而且，隨著光譜上X射線區域光脈衝的出現，我們可以期待看到更短的時間尺度發生。

這個數字小到令人吃驚，找一些例子來對照可能會比較清楚。宇宙的年紀大約是 5×10^{17} 秒，因此一秒比上宇宙的年紀，大約等於一阿秒比上一秒。或者放在經濟學的脈絡來看，如果美國的國債相當於一秒，那麼一美分相當一飛秒；在這個尺度下，一阿秒實質上沒有任何價值。

在這樣的時間尺度下能夠發生什麼事？我在第四章介紹了一個簡單的原子模型，稱為波耳模型；其中電子被原子核吸引因而「繞行」原子核，就像行星受到太陽吸引繞著太陽旋轉一般。簡單原子（就是只有幾個電子的原子）繞行一周的時間約是一百五十阿秒。所以，如果我們想要看清楚這種運動，可能需要利用更短的脈衝才不會一團模糊。

頻閃儀的概念和我們上面討論的事高度相關，現今研究員正是利用改造過的頻閃儀來觀察原子與分子在基礎層次上非常快速的變化。在這項應用中，雷射的光脈衝被分成兩個（或更多）部分，彼此之間延遲引進。序列中的第一道脈衝照亮樣本，部分被吸收了。這會「引發」系統中的某些變化——電子在原子中四處移動，或著化學鍵在分子或固體中震動。接著，第二道脈衝抵達，部分光子再次從樣本散射出來並且被探測到。

這項實驗重複幾次，隨著兩個脈衝間延遲時間的增加，被探測到的散射光可以顯示出樣本的動態變化；換句話說，就像一部原子、分子或固體改變時的「電影」。例如，兩個分子在化學反應時因為相互作用而重新配置，我們就可以用這個「泵與探針」（pump-and-probe）來探究它們的核心過程。如果我們增加光脈衝的數量，這項實驗還可以升級成更細緻的版本。這個方法現在被用來探索許多極為有趣又令人困惑的材料特性——從相互作用的原子，到高溫超導體，到生物系統。

我之前提過，所能產生的最短脈衝是光場的單次周期；你可以利用高諧波產生的極紫外線（EUV）脈衝設計一個實驗，來測量光電場的震盪。測量脈衝場需要非常高速的過程，要比光周期本身更快。波長短的脈衝可以達到足夠的速度，大約比那個光波長短上二三十倍左右。當夠強的光脈衝把電子從一個原子裡扒開時，就會產生這樣短暫的脈衝。這需要一個光場，而這個光場的能量與電子被束縛在原子的能量相當。只要在模態鎖定雷射的輸出端加上光學放大器，這樣的脈衝便唾手可得。

當一個電子被這樣強烈的脈衝剝離後，它會發現自己身處一個快速震盪的電場；如果它是在這個場的振幅為零時被剝離出來，這個電子便會沿著光波的下一個周期開始「衝浪」，並短暫離開原子，然後再回來。當它返回時，速度會非常快，而且當它再次與原子碰撞，便會以光的形式發出所有額外的能量，從而被原子再次捕獲。這種情況下，原子和電子重組時會發出非常短的脈衝，波長大約只有幾百億分之一公尺，在光譜的 EUV 區域，大約比產生它的光波較短上二十倍。

現在想像這個 EUV 脈衝照在另一個原子上，它的波長夠短，可以被那個原子吸收並踢出一個電子，於是那個被踢出的電子懸停在附近。我們進一步想像，那個原子同時被我們想要測量的短光脈衝照亮。這個脈衝場使那個懸停的電子往一個方向加速，加速的方向取決於電子在光場的哪個位置被 EUV 脈衝剝離。藉由改變 EUV 脈衝與光脈衝之間的延遲，可以測量那個電子的加速度，因為已經被加速的電子速度較快，具有更多能量。這麼一來，我們有可能「看見」一個光脈衝場（圖33），儘管這個場的震盪時間非常短。

生物化學中，一個「泵與探針」光譜術應用的例子是研究光合作用過程的第一步；光合作用的過程中，植物利用陽光作為能量來源，將空氣中的二氧化碳轉化為氧氣。這一步驟發生的過程涉及在一個大的生物分子周圍以極高的效率傳輸能量。這個過程包含一些非常有趣但所知甚少的特性——能量傳輸的速度遠快於人們的預期，而且更有效率。如果我們能從這種自然界長期演化出來的系統中學習如何做到這點，這項知識或許可以應用於諸

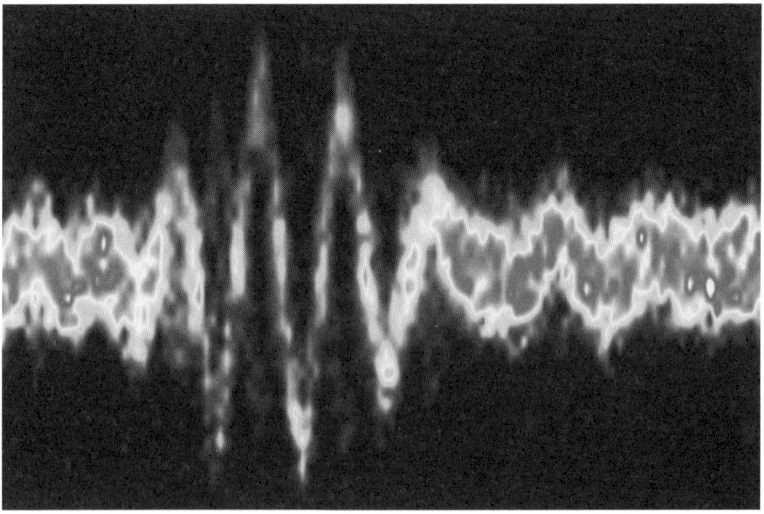

圖 33　光脈衝電場的影像。兩個相鄰波峰的間隔約為 2.5 飛秒。

如改善太陽能電池的設計等等，這將會對我們的社會產生莫大影響。

超強

你的電費帳單告訴你上個月用了多少能源，計算單位是每小時千瓦（kWh），電力公司會依照你使用的每單位能源向你收費。假設你在某個月用了兩百二十千瓦（這是英國每月的人均能源消耗），你可以在那個月的四週內慢慢用光這些電，或者也可以在第一週一口氣用光，並且接下來三週完全不用任何電。然而，你能想像在千萬億分之一秒內用光這些電嗎？如果要做到這件事，你需要一大堆電器，而且要在極短時間內不斷開關它們，這種情況下用電的峰值功率便會非常非常大。

要在這種情況下產生能量超大的光脈衝是可能的，這個光脈衝極短，而且包含上面所說的能源量。事實上，甚至能夠產生一個脈衝，在一瞬間發出相當全世界發電場所產生的電力；但你家的燈不會燒掉，因為這個脈衝極短，所以在燈泡中的總能量很小。

能夠產生這種脈衝的必須是台巨大的機器，其建築物所佔的面積直逼一個足球場。英格蘭拉塞福—阿普頓實驗室（Rutherford Appleton Laboratory）的VULCAN雷射是一個好例子，它的佔地面積非常大，其產生的每一脈衝持續時間為五百飛秒，能量為五百焦耳（三百六十萬焦耳＝一千瓦）。五百焦耳是一顆一百瓦的燈泡五秒內發出的能量，但這道脈衝在極短時間內發出的光強和一百萬個太陽一樣。在加州利佛摩（Livermore）國家點燃實驗設施（National Ignition Facility，簡稱NIF）的雷射比這個更強；而正在規劃的歐洲光基礎建設計畫（European Light Infrastructure）將會設置比NIF高峰能量更大的系統。

這種時間非常短、能量非常強的光脈衝可以用於改變物質的狀態。這個光脈衝在能量最強的時候，其電場比電子和原子核之間的重力場更強，因此可以把電子從原子裡拿出來，組成新的物質狀態——電漿——而且瞬間就可以做到，甚至比原子核移動的時間更短。電漿非常密實，和固體材料（例如一片玻璃）的密度幾乎一樣，只不過溫度是攝氏兩百萬度。

這就是巨大行星或某些恆星的核心狀態：非常高密度的電漿，裡頭的粒子以高速相互碰撞，而且壓力是我們大氣壓力的一百萬倍。這種可以在實驗室裡製造出來的極端狀態有很多用途，例如我們可以用來理解像超新星爆炸或白矮星這類天體是如何運作的，並描繪它們的生命周期與進化特徵。天體物理學家所關注的其他現象也可以利用雷射加以實驗驗證，他們會用實驗室產生的電漿來進行行星科學的最新研究；例如，可以從氣態巨行星的組成來推論它們的質量與大小，但前提是我們已經知道物質在這麼高的壓力下能被壓縮到什麼程度。

某些雷射儀器利用波長非常短的光產生脈衝，這個脈衝透過磁場中加速的電子就可以產生，當它們通過加速器高速下落時會左右「擺動」，因而產生某種由短脈衝X射線組成的同步輻射。這種雷射儀器通常需要使用粒子加速器的技術與硬體設備，例如史丹佛直線對撞機光源（Stanford Linear Collider Light Source，簡稱 LCLS），以及漢堡 X 射線自由電子雷射（Hamburg X-ray Free Electron Laser，簡稱 XFEL）。

最強的雷射脈衝加上 X 射線短時爆發的技術，能讓科學家在各種條件下分析電漿。再者，雷射在原子核之間施加的極大壓力，在正確的情況下能夠使原子核融合在一起，並於過程中釋放出大量能量。這種「核融合」技術可能使我們獲得幾乎無限的能源。將雷射應用在核融合上需要極高的技術，也是目前我們正在尋求達成核融合的兩個可能方法之一；另一個方法不涉及光，光只是用於監控過程。不過這兩種方法都利用了稠密的電漿。

當雷射脈衝通過電漿時，電漿會產生一種波，非常像船在水面移動時產生的尾波。電漿波中的電場在 10^{-6} 公尺的兩端電壓可以達到十萬伏特（大約是高壓鐵塔電線中的十倍電壓，距離則只有人類頭髮寬度的十分之一）。這樣的電場強度，比起世界上用來研究基礎粒子的最大機器，例如在日內瓦的歐洲核子研究中心

（簡稱 CERN）的大型強子對撞機（Large Hadron Collider，簡稱 LHC）所使用的加速場至少大上一千倍。最終，我們也許可以利用雷射建造出能夠放在桌面上的小型儀器，並且能將電子加速到類似於目前 LHC 的能量。

藉由雷射脈衝與物質相互作用時產生的超強電場，也可以用來加速更重的粒子，例如質子。質子束現在正作為癌症療法而被深入研究，比起目前其他可能的放射線治療，較重的粒子可以更精準、更深入地傳送至患病組織。

光非凡的性質持續在廣泛的研究領域推動新的發現。光作為一種工具，在科學技術的領域無所不在。

第八章

量子光學

我在第一章介紹過一個想法，就是光可以被理解為一股粒子流，為了方便起見，我們稱之為「光子」。事實證明，這些光子是真實的粒子，它們可以被製造、研究、測量、儲存與應用。然而，即使光子就某方面而言是光最簡單的表達方式，但是製造單個光子卻不容易。多數光源產生不同類型的光，其中的光子數量並不固定。

例如，一個電燈泡會產生一股朝著任意方向發射的光子流。如果你只從一個方向觀察燈泡發出的光，然後只觀察一小段時間——可以稱為「時槽」——那麼你就能計算出那個時槽裡的光子數量。但是，如果你重複這個實驗幾次，你會發現每次光子的數量都是隨機的，有時多，有時少。雖然光子的平均數量是固定的，其數量取決於燈泡的亮度，但你永遠無法確定在一個給定的時間內一道光束中有多少光子。這是「古典光」的特色，即可以完全以波動的特性來描述光。

雷射光也是一樣。雷射脈衝中平均的光子數量可以很多，但對於任何給定的脈衝中，光子的實際數量將會大於或小於平均數。一個脈衝中光子數量的分佈大約是平均數的平方根。每個脈衝中光子數的變動比上所有脈衝中光子數的平均數，稱為相對「噪音」；因此光子的平均數量越高，噪音就越小。

雷射光束有絕對的強度噪音，這限制了你用雷射照明所能得到的影像品質。雷射強度的起伏意味著難以精確觀測出兩個點之間的距離。事實上，用低強度光產出的影像非常不精確，因為低強度光裡面的光子數量很少（所以很難看見物體），每次拍攝光子數量的變化都很大。要想得到精確測量結果的唯一方法是看久一點，從而增加照亮物體的光子數量，再從中取得平均結果。將信號平均會減少相對強度的噪音，影像解析度也會更高。其精確度與所使用的光子數的平方根成正比。因為古典光束無法超越這個精確度，所以該精度稱為「標準量子極限」。

另一方面，有了量子光，在光子平均數相同的情形下，我們可以得到較佳的平均效果，因為量子光比古典光的噪音低很多。但首先，你必須打造一個量子光源。這樣的光源有許多種，每種都能產生截然不同的量子光。為了更具體，我們必須考量能夠產生原始量子狀態的光源，也就是產生光子的光源。4

單一光子

要如何製造出單個光子呢？一九六五年，英國物理學家奧托．弗里施（Otto Frisch）想出一個非常實用的機制。首先讓一個原子處於激發態（至於怎麼做，請參見第五章）然後等它掉回它的基態。當原子掉回基態時，只會發出單個光子，因為單一原子只儲存一個「量子」的能量。你可以清楚知道那個原子是否已經發出光子了，因為發射光子的動量會「踢」一下原子並後退。如果你觀察到原子移動，就可以確定那個光子已經上路，並由原子位移的方向確認光子往什麼方向發射。

某些現代量子光源的運作方式類似於此，但是它們會將原子困在兩面鏡子之間（類似雷射儀器中的「光腔」），而且迅速激發原子，使其優先往腔軸的方向發射光子。這就構成一個很穩定的單光子光源，而且是一個特別「低噪音」的來源，因為光子的發射具有嚴格的規律。如果你在某個特定時段觀察這種光束，可以明確預測裡面有多少光子——只有一個。因此這種光的強度格外穩定——相較於「嘈雜」的古典光束，它是一種很「安靜」的光束。

其他量子光源也採取這個想法。尤其，你可以利用非線性光學效應建構一個非常簡單的光源。具體而言，有些晶體能讓一個高能量的光子分裂成兩個低能量的光子，每個光子大約是原來輸入光子的一半。就多數材料而言，發生這種分裂的機率很小。既然製造出一組成對的光子，你可以把其中一個當成「信差」，當作另一個光子出現的信號（如圖34）。這種光源是量子光學領域的主力，利用光

4編按：愛因斯坦於一九〇五年提出光本身就是量子化的概念，稱之為「光量子」（light quantum）。一九二六年，由美國物理學家吉爾伯特・路易斯（Gilbert Lewis）正式以「光子」（photon）命名。

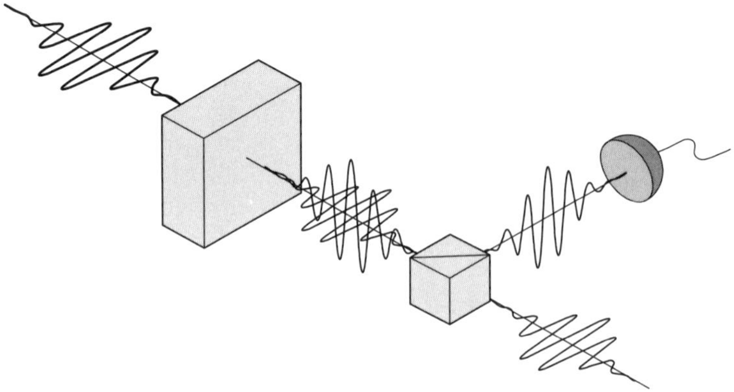

圖 34　「信差」單光子光源隨機產生光子，每當產生一個光子，「信差」就會發出信號。

的量子力學特徵來探索量子物理的基礎，進而推動一些新型的資訊科技發展。

如同古典的電磁波可以極化，光子也可以發生偏振。所以，我們可以發現一些垂直偏振（V）的光子，或水平偏振（H）的光子。如果我們觀察光子是否通過水平偏振鏡時，這些光子的表現就像波一樣，我們會發現H光子永遠通過，而V光子永遠不會。

奇怪的是，我們可以產生一個對角向偏振的光子，讓它的震盪角度與水平線和垂直線都成四十五度夾角。但是當我們試著觀察那個光子是否能通過水平偏振鏡時，其結果卻是模稜兩可。光子是光最小的「碎片」，所以不能再被切割。那麼對角向偏振光子在通過偏振鏡時會如何表現呢？答案是它會以二分之一的機率通過，並以相同機率反射回來（如圖35）。

這就表示如果你讓一個對角向偏振（D）的單一光子通過水平偏振鏡一百萬次，那麼它會通過五十萬次。關於量子力學非常奇怪的事就是，你無法準確預測每次實驗的結果。這不是因為光子有時H偏振，有時V偏振，而是因為光子同時H與V偏振。因此，光子偏振測量

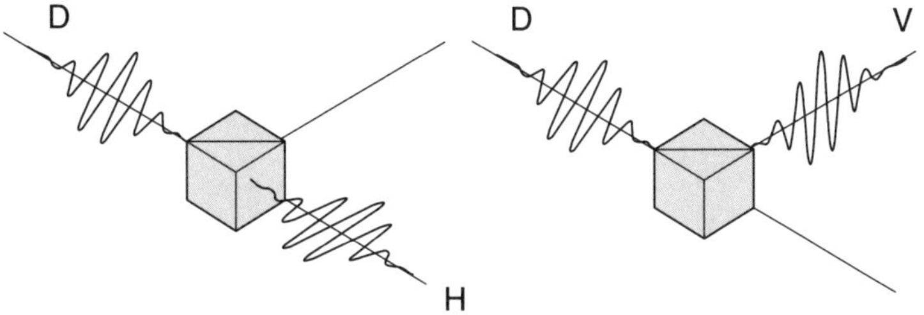

圖 35　一個對角向偏振（D）的光子遇到一個偏振鏡，會隨機通過水平（H）或垂直（V）偏振鏡。

的隨機結果顯示，量子力學描述了宇宙在最基礎層次具有絕對的不確定性。

當然，你可以利用單一光子做到一般光做不到的事。例如，你可以記錄那個光子是否通過偏振鏡（假設將結果編為1號），還是被反射（編為0號），就可以產生隨機號碼。0與1序列中的隨機性可以被基本物理的固有特性保證，而不像是丟骰子或其他偶然事件。因此，量子隨機號碼產生器是一門新興事業——它們提供的隨機性無法作假。

另外，你也可以建構由物理定律來保障其安全性的通訊連結，而不用依賴你的電信業者。這是由於光子的兩個重要特性。第一，你不能同時在兩個地方探測到同一個光子。因此，如果一個竊聽者想透過捕獲光子來擷取你送出的訊息，那麼你的訊息就不會被送出去，當然你也不會收到任何回應，這時你就會發現不太對勁了。但是，如果竊聽者夠狡猾，他會送出一個「誘騙」光子來假造訊息，讓你以為你收到的是原本那個發出的光子。但其實你可以分辨那是假的，因為在量子力學中，沒有任何測量能夠測到單個量子的所有訊息。

想像以下情境：你想透過線路發出一則簡單的二進制訊息（由0和1組成）；假設垂直偏振的光子代表0，對角偏振的光子代表1。如果竊聽者（通常稱為伊芙）測量那個光子並得到「垂直偏振」的答案，她仍然不能確定那個光子是否為0，因為對角偏振的光子至少有一半機率也會給她垂直偏振的結果。所以她只能得到部分資訊，而不是全部。

現在，我們假設訊息的發送者（通常叫作愛麗斯，而你是接收者，叫作羅伯）發給你一個編碼為1的光子。我們假設伊芙以垂直方向測量這個光子，並且該光子通過測量。為了造假，她必須選擇發給你垂直或對角偏振的光子。其中一個策略是發給你垂直偏振的光子，因為那是她依照測量結果所得出的最有可能的情況。而你可以對接收到的光子進行對角向偏振測量。如果你的光子來自伊芙，這個光子給你錯誤結果的機率有五十%。如果光子來自愛麗斯，你永遠不會得到錯誤結果。所以比較你所收到的訊息和愛麗斯發送的訊息，就可以分辨伊芙是否竄改了你的線路。

但是，伊芙可能更狡猾。她可能試著從愛麗斯那裡，不經測量就複製光子；她可以複製兩份，然後發給你原始那份。接著，她可以在其中一份進行垂直偏振測量，在另一份做對角偏振測量，那麼她就會知道愛麗斯發給你的光子的完整「位元」資訊，但你毫不知情。但其實她不會得逞。量子力學一個顯著的特徵就是不可能建造一個影印機來複製處於未知量子狀態的單個粒子。物理定律單純不允許此事。因為物理學的這兩個限制——「不可測量」和「不可複製」——所以我們可以藉此建造一個安全的通訊連結，在愛麗斯與你之間傳輸祕密的隨機位元序列。

壓縮光

還有其他種類的量子光比起古典光能夠提供更強的性能。回想一下，光是電磁場的震盪，幾乎可以將一道雷射光束視作這種震盪的理想狀態。然而儘管如此，它的振幅中還是會有一些「噪音」存在。換句話說，每次你測量場的振幅，都會得到不同答案。圖36a描繪這種情況，顯示這個場在每一個點或每一個相位的不確定性。

量子光有個特別的型態，稱為「壓縮光」（squeezed light）。對壓縮光而言，這個噪音會隨著光場周期的相位而變化，如圖36b所示。它的噪音在某些相位會比其他相位更大。結果顯示，這樣的場只由成對的光子構成。如果你測量光子的數量，只會測到偶數的結果。這些與相位有關的噪音源自這些光子對的量子干涉。

這樣的狀態有一些應用價值。假設你想測量波的相位。回想一下，當你在使用干涉儀時，光束的相移是由你想測量的物體——例如某個特定分子——所引發的。在光場的波起伏最小的時候，我們可以更準確的測量波的相位。事實上，壓縮光場中的起伏在某些相位比古典場中的更小，所以使用壓縮光場的相位感應器會比使用古典場的感應器更精確。事實上，它們甚至可以突破標準量子極限。

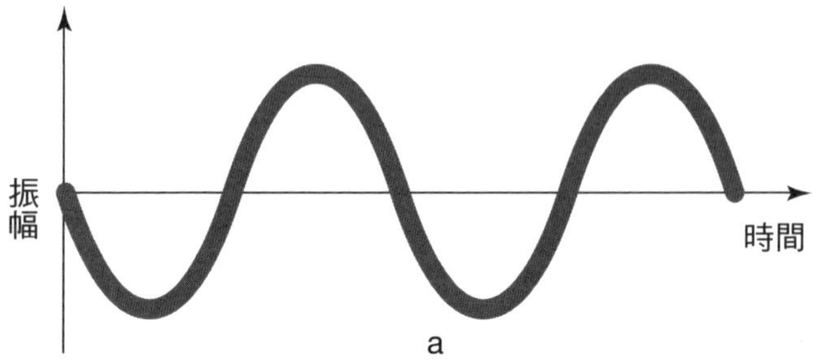

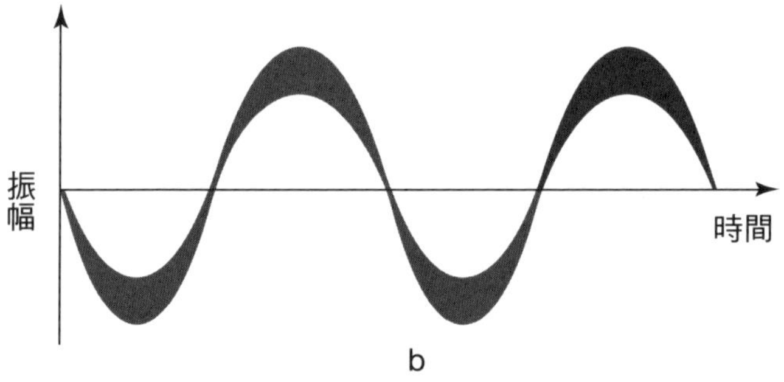

圖 36　壓縮光 a 相較雷射光 b，a 在其振幅的某些點上噪音減少了。

目前這種感應方法仍然非常昂貴，所以只有效益明確時才會使用，例如德國漢諾威（Hanover）的 GEO 600 項目，便利用非常大的光學干涉儀偵測重力波。藉由壓縮光，該儀器可以檢測重力波引起的相移，其檢測的相移非常小，與地球到太陽的距離相比，其相對路徑的變化只有一個原子那麼小。

量子糾纏

當我們考量多於一道的量子光束時，事情會變得更奇怪。光子會以某種方式糾纏在一起，以致於我們無法區分它們的屬性，例如顏色、位置、方向、脈衝形狀等等。這已經超出波粒二象性的基本概念，並且挑戰了古典世界的物理觀念。在古典世界中，可以確定物理實體的某種屬性（就光束而言，可以確定其抵達時間和頻率，或H與V偏振等等）。就某方面而言，這些性質可以被測量並自我一致。但是在某種狀態下的成對光束無法這樣，這點已經透過實驗獲得證明，是二十世紀基礎光學科學的重大成就之一。

藉由這個性質，我們可以利用量子光學檢驗愛因斯坦、美國物理學家鮑里斯．波多爾斯基（Boris Podolsky）和納森．羅森（Nathan Rosen）三人的推論：他們對一個粒子系統的量子力學描述是否是完整的，而且不需其他資訊來確定系統的一切。一九六〇年，英國物理學家約翰．貝爾（John Bell）發現一個量化這個問題的方法，並開始認真設計實驗來測試他的假設。這些實驗俗稱「貝爾測驗」，其中最早的也是目前最有說服力的實驗，就是利用成對的光子，每對彼此相關。正是這些相關，使得量子粒子有別於古典粒子。為了更完整感受這種量子效應的怪異之處，接下來值得進行更深入的探討。

相關性似乎無所不在。我們來設想一個簡單的遊戲。發牌者拿了兩副牌，一副牌的背面是綠色，另一副牌的背面是藍色。發牌者分別從兩副牌中抽出一張牌，一張給你，另一張給你的伙伴。你們手上的牌背面的顏色當然是不同的，但是正面的花色可能相同（紅或黑）。事實上，你會預期一半的時間裡，兩個人拿到的顏色是相同的，因為你們同時拿到紅色或黑色的機率各為五十%。

如果你們兩人每次都同時拿到紅色，或同時拿到黑色，你就可以說兩張卡片是「相關的」。這是你所能想像到最強烈的相關。事實上，如果你們兩人在超過一半的時間裡都拿到相同顏色，你也能說牌卡是相關的。雖然比起第一個例子的相關性顯然較弱，但是透過測量相關性，你可以知道發牌的人是否作弊，因為我們通常假設他發的是兩副獨立、完整的牌。

我們可以用偏振代替牌的花色來比喻光子的相關性。換句話說，水平偏振的光子可以視作「紅色」光子，而垂直偏振的光子是「黑色」光子。如果一個光源每次都會產生兩個特定偏振的光子，例如一個垂直的和一個水平的，或兩個都是水平的，就可以說這個光源產生相關的光子束。這種相關稱為「古典」相關，因為可以與古典物體的情況類比，例如發牌。

相關性具有絕對的量子力學的特性。假設一對光子對有兩種可能的初始狀態，第一種是H偏振，第二種是V偏振；或者第一種是V偏振，第二種是H偏振。在古典世界中，兩個粒子的這兩種情況是互相排斥的。換句話說，古典世界中，兩個粒子不是H、V組合，就是V、H組合，每種機率是二分之一。但是，如同單個光子可以同時處於H和V的疊加態，一對光子也可以同時處於H、V組合和V、H組合的疊加態，如圖37。這種相關性比任何古典粒子要強很多，稱為「糾纏」。這是量子力學最神祕的性質，並產生了深遠的影響。

這些都是貝爾的實驗告訴我們的。在這樣的測驗中，你需要考慮的不只是每個粒子

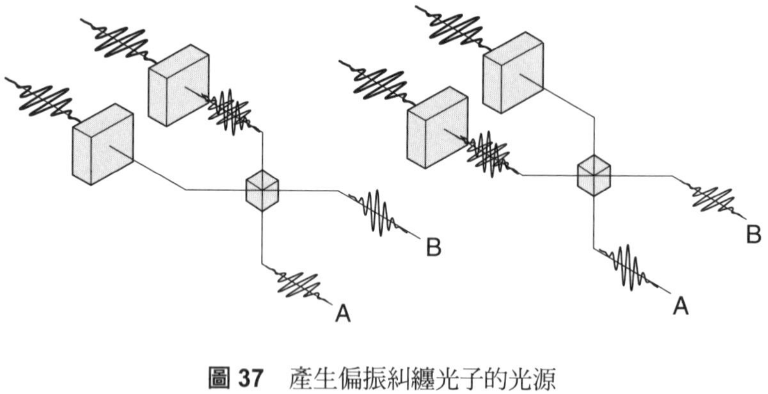

圖 37　產生偏振糾纏光子的光源

H偏振和V偏振之間相關的可能，還要考慮對角向（D）偏振和反對角（A）偏振之間相關的可能。（對角偏振的例子如圖35。反對角偏振與對角向偏振成垂直。）以牌卡比喻就是：你可以看著牌卡的前面，觀察是紅色（相當於H）或黑色（相當於V）的花色。或者你可以看著背面，觀察是綠色（相當於D）還是藍色（相當於A）。

量子牌戲

現在想像一場紙牌遊戲，發牌者從任一副牌中抽牌並發給每位玩家一張牌。那就表示每個玩家拿到的牌，正面（*F*）可能是紅色（R）或黑色（B），背面（*B*）是綠色（g）或藍色（b）。發牌者發牌的方式是：如果一個玩家看著自己的牌卡正面，而另一個只看到自己的牌卡背面（*F*,*B*），他們永遠不會知道結果（R,b）。同樣地，如果第一個玩家看著自己的牌卡背面，而另一個看著自己的牌卡正面（*B,F*），他們永遠不會知道結果（b,R）。然而，當他們都看著他們的牌卡正面（*F,F*），有時候會看見（R,R）。由此，你可以從這樣的案例得到合乎邏輯的結論，如果他們看著他們牌卡背面（*B,B*），他們會看見（g,g）。顯然這是古典事物如牌卡會發生的情況。

但事實上，當你取量子相關的光子（或其他粒子）做這樣的實驗，結果並不是那樣。當玩家測量偏振時，第一個玩家測量水平方向的偏振，第二個玩家測量對角方向的偏振（或者彼此調換），卻發現他們永遠得不到（V = 0, D = 1）和（D = 1, V = 0）兩種結果。同樣地，當他們都用對角方向的偏振鏡進行測量時，他們有時會

測量方式	結果：玩家 1；玩家 2；機率			
F, *F*	R; R; 1/2	R; B; 1/12	B; R; 1/12	B; B; 3/4
F, *B*	R; b; 0	R; g; 1/6	B; b; 2/3	B; g; 1/6
B, *F*	b; R; 0	b; B; 2/3	g; R; 1/6	g; B; 1/6
B, *B*	b; b; 1/3	b; g; 1/3	g; b; 1/3	g; g; 0

圖 38　量子牌戲可能結果的機率

得到（D＝1, D＝1）的結果。因此，你可以合乎邏輯地推論，當他們都用水平方向的偏振鏡測量光子時，他們應該有時會得到（H＝1, H＝1）的結果。但是，當他們實際做這個實驗時，卻發現他們永遠不會得到這個結果。總體而言，這種量子牌戲的可能結果如圖38。這樣的實驗可以用成對的光子來做，而且確實已經有人做過了。

事物的局域性質

所以，到底發生了什麼事？這是量子物理學根本的怪異之處：量子牌戲的結論就是，當光子處於從光源產生的初始狀態時，光子的偏振值並沒有被預先決定。彷彿桌上的一副牌沒有明確的花色。這和我們對牌卡的直覺經驗相反：它們的背面當然有特定的顏色，正面當然也有特定的花色。無論我們知不知道，甚至發牌者知不知道，我們都不會懷疑發到我們手上的卡牌具有這些性質，而我們當然也不認為我們做了任何會改變這些性質的事。但是量子物理學告訴我們，我們不能預先確定牌卡上的花色。

如果想要獲得明確的結果必須要靠測量；但是我們不能主張測量的結果是光子事先確定的屬性，只是我們在測量前並不知道罷了。事實上，當光源產生單個光子時，我們不能事先確定它的偏振，因此測量出來的結果並非它原先具有的偏振；而是如果不經過測量，就不可能知道它的偏振。如果你嘗試設計一種發牌方式想獲得相同的結果，你會發現那是不可能的事——除非牌卡同時處於紅與黑或綠與藍的疊加態。光子也是，光子必須處於H和V兩種偏振的疊加態，才能形成某種明確的相關性；這種相關性就叫作「量子糾纏」。

糾纏是一個非常奇怪的概念，我們無法從日常經驗中的普通物體去思考，就像剛才所舉的打牌的例子。但是，糾纏其實很常見，它發生在許多量子尺度的事物上，甚至發生在日常當中，例如分子中電子之間的相關性關係就是量子糾纏；在構成分子的原子之間，或者相對更小的原子本身之間的鏈結也是量子糾纏；糾纏還更可以形成某些奇異的材料，例如超導體。

驚人的是，糾纏竟然也可以應用於現實技術當中。你可能很難想像這樣一種神祕又抽象的概念可以有實際用途，但它真的有用。藉由量子糾纏現象，許多不能藉由來回發送古典波動的訊息加工方法才有可能實現。

確實，所有訊息加工系統必須在物質實體的基礎之上建造，其反映了這些機器必須符合其組成零件的基本物理原理——通常是古典物理學。因此，量子力學提供新的技術突破的機會。諸如基本計算、通訊、測量技術等等，未來能以無法想像的方式超越當代：通訊安全可以由自然律保障；電腦可以解出「無法計算」的問題；成像系統可以顯示我們看不到的物體等等。

光於執行這樣的系統扮演重要角色。例如，光纖網路的基本建設可以用來在兩光在打造這樣的系統中扮演重要的角色。例如，光纖網路的基礎設施可以在兩方之間安全地隨機發送「量子密鑰」（隨機的0和1序列），接著用這些密鑰編碼訊息。這樣的網路還可以用來連結小規模的量子處理器，最終變成分佈式的量子電腦。確實，研究表明，原則上我們可以完全不借助光來打造量子電腦，雖然這麼做極具挑戰。結合這些新技術，未來可望出現量子網路，這將是一種與我們現在截然不同的通訊與訊息處理方式，而且全都因為光而成為可能。

第九章

天光

德謨克利特的原子[5]
與牛頓的光粒子
是紅海岸上的沙
以色列的帳棚在那裡閃閃發亮。

——威廉・布萊克（William Blake），
〈嘲笑吧，嘲笑吧，伏爾泰、盧梭〉

這麼簡短的書要涵蓋光漫長的歷史和廣泛的應用，不可避免會缺漏許多東西。尤其，比起可見的光譜，來自電磁波光譜其他區域超棒的發現，以及日常生活無所不在的光學儀器，這些都沒有在書裡仔細說明。

從多鏡面望遠鏡（直徑數十公尺，而且適應式控制的反射鏡面，可消除天空閃爍的現象），到大型同步輻射（加速電子直到它們發出強烈的X射線，可以用來觀察微小的物質結構，無論是人造物質或自然物質，例如，顯示生物學上重要的分子結構，或工程金屬的結構），也都只是稍微提到。但是沒關係，我希望你們已經認同光的美妙；而且，光的奧祕，以及這些奧祕如何被解開，也是極為有趣的故事。

同時，光學的科學與技術充滿活力，開啟研究探索與新興應用的新時代，成果往往出乎意料。光持續揭開新的奧祕，啟發新的裝置。如同過去數個世紀，光不斷難倒我們，也不斷激勵我們發揮想像力。

5 編按：Democritus，古希臘哲學家，「原子論」的創始者。

延伸閱讀

非技術性書籍

- O. Darrigol, *A History of Optics from Greek Antiquity to the Nineteenth Century*, 2012 (Oxford: Oxford University Press).
- H. E. Edgerton and J. R. Killian, *Moments of Vision: The Stroboscopic Revolution in Photography*, 1979 (Cambridge, MA: The MIT Press).
- J. P. Harbison and R. E. Nahory, *Lasers: Harnessing the Atom's Light*, 1997 (New York: Scientific American Library, W. H. Freeman & Co).
- J. Hecht, *City of Light: The Story of Fiber Optics*, 2004 (New York: Oxford University Press).
- J. Hecht, *Beam: The Race to Make the Laser*, 2005 (Oxford: Oxford University Press).

- M. Kemp, *The Science of Art: Optical Themes in Western Art from Brunelleschi to Seurat*, 1992 (New Haven: Yale University Press).
- A. Zajonc, *Catching the Light*, 1993 (Oxford: Oxford University Press).

專業書籍

- M. Bass et al., *Handbook of Optics*, 2000 (New York: McGraw-Hill).
- M. Born and E. Wolf, *Principles of Optics*, 7th ed., 1999 (Cambridge: Cambridge University Press).
- R. W. Boyd, *Nonlinear Optics*, 3rd ed., 2004 (New York: Academic Press).
- J. W. Goodman, *Statistical Optics*, 2000 (New York: Wiley Interscience).

- J. W. Goodman, *Introduction to Fourier Optics*, 2004 (New York: Roberts & Co.).
- H. Hariharan, *Basics of Interferometry*, 2nd ed., 2003 (New York: Academic Press).
- S. Haroche and J.-M. Raimond, *Exploring the Quantum: Atoms, Cavities and Photons*, 2006 (Oxford: Oxford University Press).
- E. Hecht, *Optics*, 4th ed., 2001 (Reading, MA: Addison Wesley).
- S. M. Hooker and C. Webb, *Laser Physics*, 2010 (Oxford: Oxford University Press).
- J. Mertz, *Introduction to Optical Microscopy*, 2010 (New York: Roberts & Co.).
- L. Novotny and B. Hecht, *Principles of Nano-optics*, 2nd ed., 2012 (Cambridge: Cambridge University Press).
- V. Vedral, *Introduction to Quantum Information Science*, 2006 (Oxford: Oxford

University Press).

- W. Welford, *Optics*, 3rd ed., 1988 (Oxford: Oxford University Press).

國家圖書館出版品預行編目(CIP)資料

光：傳遞訊息的使者 / 伊恩 .A. 沃姆斯利 (Ian A. Walmsley) 著；胡訢諄譯 . -- 二版 . -- 新北市：日出出版：大雁出版基地發行，2024.10
面； 公分
譯自：Light : a very short introduction
ISBN 978-626-7568-15-6(平裝)
1.CST: 光 2.CST: 物理學
336 113013481

光：傳遞訊息的使者

LIGHT: A VERY SHORT INTRODUCTION, FIRST EDITION

作　　者 伊恩 · 沃姆斯利 (Ian Walmsley)
譯　　者 胡訢諄
責任編輯 李明瑾
協力編輯 鄭倖伃
封面設計 萬勝安
內頁排版 陳佩君
發 行 人 蘇拾平
總 編 輯 蘇拾平
副總編輯 王辰元
資深主編 夏于翔
主　　編 李明瑾
行　　銷 廖倚萱
業　　務 王綬晨、邱紹溢、劉文雅
出　　版 日出出版
發　　行 大雁出版基地
新北市新店區北新路三段 207-3 號 5 樓
電話：(02)8913-1005　傳真：(02)8913-1056
劃撥帳號：19983379 戶名：大雁文化事業股份有限公司
二版一刷 2024 年 10 月
定　　價 380 元

ISBN 978-626-7568-15-6